ENCYCLOPÉDIE-RORET

—

PISCICULTEUR

H.-L.-Alph. BLANCHON

MANUEL PRATIQUE

DU

PISCICULTEUR

PARIS

L. MULO, LIBRAIRE-ÉDITEUR

12, RUE HAUTEFEUILLE, 12

1898

MANUEL PRATIQUE

DU

PISCICULTEUR

CONTENANT

PREMIÈRE PARTIE

ÉTANGS

L'établissement, l'entretien et l'exploitation des étangs

DEUXIÈME PARTIE

LACS

Espèces à introduire dans les lacs, leur exploitation

TROISIÈME PARTIE

COURS D'EAU

Espèces à introduire, multiplication, etc. — Culture de l'écrevisse
Lois sur la pêche

PAR

H.-L.-Alph. BLANCHON

ORNÉ DE 65 FIGURES DANS LE TEXTE

PARIS

L. MULO, LIBRAIRE-ÉDITEUR

12, RUE HAUTEFEUILLE, 12

1898

AVIS

Le mérite des ouvrages de l'**Encyclopédie-Roret** leur a valu les honneurs de la traduction, de l'imitation et de la contrefaçon. Pour distinguer ce volume, il porte la signature de l'Éditeur, qui se réserve le droit de le faire traduire dans toutes les langues, et de poursuivre, en vertu des lois, décrets et traités internationaux, toutes contrefaçons et toutes traductions faites au mépris de ses droits.

INTRODUCTION

Pourquoi ce livre, alors qu'il en existe d'excellents traitant du même sujet?

Cette interrogation ne va pas manquer de se présenter à l'esprit de bien des personnes, et nous allons y répondre tout de suite.

Oui, certainement, il existe bien des livres excellents sur la Pisciculture, mais les uns, publiés depuis longtemps, comme les *Éléments de pisciculture* du docteur Lamy, ne sont plus au niveau des progrès accomplis. Les autres sont trop scientifiques et ils sont légion. Quelques-uns néanmoins, délaissant les hautes régions de la science, ont essayé de faire œuvre de vulgarisation.

Suivant cette même voie, nous avons voulu faire de notre manuel un véritable guide du pisciculteur. Résumant aussi brièvement que possible les données scientifiques, nous nous sommes appliqué à passer en revue les appareils perfectionnés d'invention récente et à insister sur le mode opératoire. Les revues, les journaux spéciaux offrent souvent des observations intéressantes, il nous a paru utile d'en relever les plus importantes, afin de faire profiter le lecteur de l'expérience des plus illustres pisciculteurs de toutes nationalités.

Sans prétention de style, sans nous encombrer d'un trop lourd bagage scientifique, nous avons voulu être simple, concis, à la portée de tous.

Après l'engouement que l'on a eu momentanément pour la pisciculture, il y a quelques années, il y a eu un revirement de l'opinion à la suite des défaillances de bon nombre d'amateurs, qui, ayant péché par ignorance, ont échoué. Ce sont eux qui, n'ayant pu aboutir, essayent de faire accroire que personne ne réussira.

Nous voulons être le guide de ceux qui désirent faire de la pisciculture, les conduire par la main dans les diverses étapes, ils verront alors que loin d'être ce tonneau des Danaïdes dans lequel quelques esprits prévenus refusent de verser une goutte, la pisciculture est au contraire un instrument rémunérateur qui ajouterait à la richesse de notre pays, déjà si ébranlée, et qui à tous les titres conviendrait aux intérêts de notre chère France.

La Pisciculture embrasse tous les genres et tous les modes d'élevage de poissons, aussi bien des eaux de mer que de terre; laissant de côté la culture des espèces maritimes, nous ne nous occuperons que des eaux douces. Elle enseigne à tirer parti d'une façon rationnelle des étendues d'eau courantes ou stagnantes, fermées ou ouvertes, elle apprend à multiplier les poissons en favorisant leur reproduction naturelle, ou en y suppléant par des procédés artificiels; à les élever complètement depuis la ponte de l'œuf, jusqu'au moment où ils atteignent une taille marchande.

L'utilité d'un pareil livre nous semble évidente; dans un pays où les étangs couvrent plus de 100 000 hectares, sillonné en tous sens par plus de 150 000 kilomètres de ruisseaux ou de rivières, l'enseignement et l'usage de la pisciculture devraient être partout en honneur. La France, nous sommes forcés de l'avouer, est restée en arrière dans le grand mouvement qui porte les autres nations à obtenir de la culture des eaux un accroissement notable des ressources de l'alimentation publique, quoique sa consommation, en poissons d'eau douce, dépasse le chiffre de 125 millions de kilogrammes représentant une valeur de plus de 17 millions.

En Chine même la pisciculture est grandement pratiquée; nous pouvons ajouter que les Chinois l'ont singulièrement perfectionnée, et ont réussi, au vrai sens du mot, à domestiquer les poissons, à les élever comme un animal de la ferme ou de la basse-cour.

L'élevage du poisson n'est pas chose nouvelle, il a été pratiqué dès la plus haute antiquité. Deux mille ans avant notre ère, il existait en Chine des lois fixant les époques où l'on pouvait récolter les œufs de poissons pour les faire éclore artificiellement.

En Égypte et dans les Indes on cultivait aussi les étangs soit naturels, soit artificiels. Si les Grecs ne connurent point la pisciculture, les Romains au contraire la pratiquèrent sur une grande échelle.

Ce serait un moine de l'abbaye de Réom, près Mombard, dom Pinchon, qui le premier imagina de féconder artificiellement des œufs de truites, et de les faire éclore dans des caisses aux parois garnies de grillage d'osier. Ce procédé a été décrit dans un manuscrit daté de 1420.

Au milieu du siècle dernier, un conseiller suédois, Frédéric Lund imagina des caisses pour l'incubation en eau libre des œufs de carpes, de brèmes et de perches. Vers la même époque, un lieutenant des miliciens de Westphalie, nommé Jacobi, imaginait de féconder artificiellement les œufs de poissons et tentait d'appliquer ce procédé au repeuplement des rivières et des étangs. Dès 1758 Jacobi adressait des notes manuscrites à l'illustre Buffon. Ces essais portaient principalement sur les truites et les saumons.

Les grandes guerres qui désolèrent l'Europe pendant la fin du XVIII° siècle firent tomber en oubli les procédés nouvellement découverts. Et ce n'est qu'en 1842 que s'ouvrit une nouvelle ère pour la pisciculture, grâce à un pauvre pêcheur des Vosges, Joseph Rémy, qui à force de patientes observations retrouva les procédés découverts déjà par Jacobi, quatre-vingts ans auparavant. Trop pauvre pour subvenir aux frais des installations nécessaires, Rémy s'associa avec un aubergiste, nommé Gélin, pour exploiter l'invention. En 1848, M. Coste, professeur d'embryologie au Collège de France, eut connaissance de la découverte de Rémy et sa vive imagination en saisit toute l'importance. Il fit récompenser le pêcheur des Vosges et s'appliqua à perfectionner cette invention. Grâce à lui, la pisciculture fit de rapides progrès ; le gouvernement créa bientôt après l'établissement de pisciculture de Lœchlebrunn, qui fut plus tard remplacé par celui de Huningue. Nous ne pouvons insister ici ; une histoire de la pisciculture serait certainement une œuvre intéressante, et nous espérons pouvoir la publier un jour.

Ces premiers pionniers ont eu des successeurs dignes d'eux, et nous pouvons citer, parmi cette phalange nombreuse : MM. Gauckler, Chabot-Karlen, de la Blanchère, Carbonnier, Berthoule, Raveret-Wattel [1], Gobin, Koltz, Lamy, Rivoiron, Lugrin, d'Audeville, etc., etc. Nous avons trouvé parmi leurs œuvres des indications précieuses, nous y avons puisé largement; nous leur avons souvent fait des emprunts *in extenso*. Ils voudront bien nous excuser, nous avons préféré agir ainsi afin que leurs idées parviennent à nos lecteurs sans restriction ni modification aucune.

Pendant l'époque où la pisciculture a été en défaveur, par suite du revirement d'opinion que nous avons signalé plus haut, la Société d'Acclimatation ne s'est jamais laissée influencer, elle a toujours tenu ferme et conservé sa foi, comprenant que la découverte de l'humble pêcheur des Vosges était autre chose qu'un objet de curiosité ou d'agrément.

Par ses récompenses, par ses distributions d'alevins, par ses publications, c'est elle et elle seule qui a maintenu la pisciculture dans une voie ascendante. C'est à elle que doit s'adresser la reconnaissance des pisciculteurs pour les progrès accomplis.

La nature des eaux déterminant d'une manière absolue les espèces de poissons à cultiver, les modes d'exploitation et d'élevage, nous avons divisé notre ouvrage en trois parties, étudiant dans chacune d'elles l'un des trois cas qui peuvent se présenter : l'exploitation des **Étangs**, des **Lacs** et des **Cours d'eau**.

Suivant les conditions où il se trouve, le lecteur, dans chacune de ces divisions, puisera les renseignements nécessaires pour mener à bien la culture des poissons qu'il peut introduire dans les eaux qu'il veut repeupler.

1. Nous devons mentionner tout particulièrement M. Raveret-Wattel, qui par ses rapports si documentés, si étudiés sur la pisciculture à l'étranger, nous a mis à même de faire connaître à nos lecteurs les procédés nouveaux employés hors de France.

MANUEL PRATIQUE

DU

PISCICULTEUR

PREMIÈRE PARTIE

ÉTANGS

CHAPITRE I

ÉTABLISSEMENT ET ENTRETIEN DES ÉTANGS

I. Établissement. — II. Entretien. — III. Ennemis des Poissons.

I. — Établissement des Étangs.

Ancienneté des Étangs. — L'origine des étangs se perd dans le lointain; ceux de Caton l'Ancien étaient particulièrement renommés sous la République romaine; toutefois c'étaient plutôt des viviers ou de grands dépôts de poissons, pris dans les rivières ou dans la mer, pour y attendre leur vente, leur consommation; on les y préparait en les engraissant.

L'invention des étangs tels que nous les avons

maintenant daterait, à ce qu'il semble, du moyen âge : à cette époque, les nombreux couvents qui souvent ne mangeaient que du maigre, et cependant voulaient bien vivre, les propriétés étendues et l'influence du clergé, le grand nombre des jours maigres ordonnés à toutes les classes, le peu de travail nécessaire à l'exploitation du sol une fois couvert d'eau, enfin la population rare d'ordinaire sur l'espèce particulière de terrain qui convient à la réussite des étangs, ont été des causes déterminantes pour les multiplier.

L'autorité attribua à tout propriétaire, maître d'un emplacement propre à établir une chaussée, le droit d'en élever une et de couvrir d'eau tous les fonds placés au-dessous du niveau supérieur de sa chaussée.

Lorsque la chaussée couvrait d'eau des fonds qui n'appartenaient point à celui qui la construisait, les propriétaires devaient être indemnisés à leur choix, ou par le prix en argent de ces fonds, ou par la cession d'autres de même valeur qu'on leur assignait hors de l'étang, ou enfin par le droit de culture de leurs fonds dans l'année d'*assec*, et de pâturage sur les bords dans les années d'eau, et, en outre, par une part proportionnelle dans l'*évolage* ou produit du poisson.

Mais pour acquérir ce dernier droit, il fallait avoir contribué pour une part proportionnelle à l'établissement de la chaussée. La culture du sol sous le nom d'*assec* devait revenir chaque troisième année, et être suivie de deux années en poissons, sous le nom d'*évolage*.

But des Étangs. — Les étangs sont des espaces circonscrits, naturels ou faits de main d'homme, dans lesquels on retient à volonté les eaux de pluie, de source ou de rivière, afin d'y élever, entretenir et engraisser les poissons destinés à la nourriture de l'homme. La culture en étang offre un moyen de tirer parti du sol avec peu de travail et sans engrais ; avantage notable pour les pays où la population est rare et où la main-d'œuvre est chère.

Conditions requises. — Nous allons passer sommairement en revue les principales conditions nécessitées par leur construction, qui sont :

1° Une eau convenable et en quantité suffisante ;

2° Un sol imperméable ne permettant pas les fuites d'eau ;

3° Une pente du sol suffisante, ni trop forte, ni trop faible ;

4° Un emplacement à l'abri des inondations et du débordement des cours d'eau.

1° *Choix des Eaux.* — Évidemment, c'est là le point le plus important, car c'est l'élément indispensable à la vie du poisson, et c'est de sa qualité que dépendra la production plus ou moins rémunératrice de l'étang. Si elle est fournie par une rivière poissonneuse, on devra s'enquérir si les espèces que l'on veut introduire dans le nouvel étang prospèrent dans ces eaux ; dans ce cas on est sûr de la réussite. Si, au contraire, l'eau vient d'une source ou d'une rivière ou ruisseau non poissonneux, on devra en étudier la nature, et noter avec soin la température maxima aux diverses saisons. C'est principalement de cette température que dépend le choix des espèces à introduire ; le mieux et le plus prudent est de creuser un petit bassin dans lequel on conduira les eaux dont on veut se servir, on le peuplera des poissons à introduire, si au bout de quelque temps ils sont vifs, dispos, s'ils se tiennent au fond de l'eau, et non à la surface, on peut être assuré que cette eau leur convient. En tout cas, la quantité des eaux dont on pourra disposer devra être surabondante. Il arrive quelquefois que l'étang n'est alimenté que par des eaux pluviales, mais ceci ne peut avoir lieu que dans les pays où les pluies sont très abondantes. Dans les Dombes et la Bresse, où cette pratique est généralement adoptée, il tombe par an en moyenne 120 centimètres d'eau, tandis qu'à Paris et dans ses environs, la moyenne est de 50 centimètres. Les pluies de l'Ain fournissent donc un volume d'eau deux fois et un tiers plus considérable qu'une partie des plateaux de même nature, aussi on y a établi avec succès un nombre d'étangs beaucoup plus grand.

Les étangs formés par l'eau des pluies sont beaucoup plus insalubres que ceux qui s'alimentent par des cours d'eau, cette insalubrité est due spécialement à l'abaissement des eaux pendant l'été. Dès le mois de juin l'infiltration et l'évaporation dépassent de beaucoup la quantité d'eau pluviale, et à la fin août, les eaux s'étant abaissées graduellement, le quart ou le tiers des terrains, que l'eau recouvrait au printemps, sont alors à découvert et deviennent des marais éminemment malsains. Ce sol, couvert de débris animaux et végétaux, sous l'influence du soleil d'été, produit des émanations funestes.

2° *Nature du Sol.* — Une condition tout à fait indispensable pour l'établissement des étangs est que la couche inférieure du sol ou du sous-sol soit peu perméable. Si ce sous-sol se laisse facilement traverser par l'eau, il est évident que pendant l'été, lorsque les pluies tombent à de longs intervalles, l'infiltration, aidée de l'évaporation produite par de longues journées de chaleur, diminue la masse des eaux de manière à faire périr le poisson, et même à mettre l'étang à sec. On ne doit donc songer à établir un étang que là où l'on rencontre un lit d'argile suffisamment épais pour assurer la conservation de l'eau ; sinon, il faudrait y remédier par la création d'une couche imperméable, ce qui deviendrait très dispendieux, et ne pourrait convenir que pour un étang d'agrément. Du reste, lorsqu'il n'est que médiocrement perméable, ce sous-sol en se resserrant par l'imbibition, finit souvent par être tout à fait imperméable. On remarque, en effet, que les nouveaux étangs tiennent en général bien moins l'eau que les anciens. (La charge d'eau sur les étangs pleins presse sur une masse de sol fortement pénétrée d'eau, qui se ramollit, acquiert une certaine flexibilité, qui la rend susceptible d'éprouver la pression et de se resserrer jusqu'à une certaine profondeur. Cet effet accroît beaucoup son imperméabilité.)

3° *Pente du Sol.* — Le sol sur lequel on compte établir un étang doit avoir une pente très sensible, la quantité d'eau qu'il peut recevoir dépend de la différence de niveau entre le point où l'eau s'introduit (ce point s'appelle la queue de l'étang) et celui où on la contient par une chaussée. Pour qu'il soit productif en poissons, à l'abri des sécheresses, du manque de pluie pendant l'été, des neiges et des gelées de l'hiver, il doit être profond sur une grande partie de son étendue, et avoir de 2 à 3 mètres d'eau vers la chaussée. Il faudra donc que le sol ait sur toute sa longueur une pente suffisante, ni trop forte, ni trop faible, calculée de manière à obtenir cette profondeur vers la chaussée.

4° Emplacement à l'abri des inondations et du débordement des cours d'eau. — Il est inutile d'insister sur les dommages que pourraient causer les inondations et le débordement des cours d'eau, soit en permettant aux poissons de s'échapper, soit en faisant rompre la chaussée. Il faut par conséquent que le niveau de l'étang soit toujours élevé au-dessus de celui des eaux naturelles de la contrée, et par suite à l'abri des crues d'eau.

Nous ajouterons aussi que l'étude des terrains avoisinants sera utile, car des terrains qui pourraient facilement être lavés par les pluies causeraient l'envasement de l'étang, on ne pourrait y remédier que par des travaux de défense fort coûteux et souvent renouvelés. Le meilleur endroit à choisir est le voisinage de prairies et de terrains boisés.

5° Construction de l'Étang. — Un étang s'établit généralement par le barrage, au moyen d'une chaussée en terre, d'une vallée plus ou moins profonde dans laquelle s'écoulent soit les eaux pluviales, soit un petit cours d'eau. De cet endroit où arrivent les eaux, et que l'on appelle, comme nous l'avons dit plus haut, la queue de l'étang, on établira dans le thalweg de la vallée, un petit canal de 50 centimètres de profondeur sur une largeur de 1 à 3 mètres, qui devra aboutir à la chaussée; ce canal assainira le terrain et réunira les sources qui pourraient y sortir. Ensuite on nivellera le sol en recherchant soigneusement s'il n'y a pas de fuite d'eau; si l'on en rencontrait, on les boucherait avec de l'argile pétrie, alternant avec un lit de pierres; le tout recouvert avec une couche de chaux éteinte.

Quelques mètres [1] avant d'arriver à la chaussée, le bief s'élargit, pour former un bassin ayant une profondeur de 50 à 60 centimètres supérieure à celle de l'étang à son point le plus profond; les dimensions de ce bassin, que l'on appelle poêle ou pêcherie, varient suivant l'étendue de l'étang (10 mètres en général par hectare de superficie). Le fond de la poêle sera formé d'un dallage de pierres sèches recouvertes d'une couche de sable, tout autour rayonneront de petits conduits, qui serviront à rassembler le poisson dans ce bassin, lors de la mise à sec.

Le bief se termine par un canal de vidange sur lequel vient s'établir la chaussée; la partie supérieure ou le *thou* de ce canal doit être au niveau du fond du bief, de façon que l'étang et ce bief se vident entièrement à l'exception toutefois de la poêle. Ce canal de vidange se construit en bois, en pierres ou en briques, dans ce dernier cas on le couvre avec des dalles en pierre, ou on le voûte avec des briques. Sa dimension est très importante, il faut qu'elle soit telle qu'il puisse vider rapidement l'étang, et que lorsque ce

---

1. Deux mètres au minimum.

dernier est en assec, il puisse fournir l'écoulement aux eaux que reçoit l'étang, ainsi que aux eaux des grandes pluies, sans que l'étang se remplisse à nouveau.

Dans certains étangs, on établit un second canal de vidange qui part du fond de la poêle et permet de la vider aussi.

La chaussée est de la plus grande importance : on doit tenir compte dans sa construction du poids et de la masse des eaux qu'elle doit contenir. La direction des vents dominants doit aussi rentrer en ligne de compte, car il faut éviter que les vagues viennent la frapper à angle droit. Dans un étang de grande importance, il est prudent de la construire en ligne courbe ou en ligne brisée; sa hauteur est établie par le niveau des eaux, qu'elle doit surpasser d'au moins 50 centimètres au-dessus du niveau maximum.

Sa base doit être au moins triple de sa hauteur, et sa surface supérieure doit avoir pour largeur la hauteur de la chaussée. Soit h la hauteur maximum du niveau de l'eau dans l'étang rempli, H la hauteur de la chaussée, L la largeur de la chaussée à sa base, l la largeur de la chaussée à sa partie supérieure; nous aurons :

$$H = h + 0 \text{ m. } 50$$
$$L = 3H = 3 (h + 0,50)$$
$$l = H = (h + 50).$$

La pente du côté de l'étang doit être moins rapide qu'en dehors, elle doit avoir moins de 45 degrés, surtout si la chaussée est exposée aux vents du nord et du midi; si elle était plus forte, il faudrait la revêtir en gazon.

Ces dimensions une fois arrêtées, on procède à la construction; et pour cela on creuse d'abord dans le milieu de l'espace que doit occuper la chaussée, jusqu'à ce que l'on rencontre le terrain ferme, un fossé d'au moins 1 mètre de largeur. Ce fossé se remplit avec une terre argileuse qu'on y place en lits peu épais, et qu'à l'aide d'un peu d'eau on pétrit avec soin en la divisant à la bêche, l'arrosant et la broyant avec les pieds ou des dames, pour qu'elle ne forme qu'une seule masse ramollie. On fait en sorte, à l'aide de la bêche, qu'elle se lie et fasse corps avec la terre du fond et les bords du fossé; c'est le premier lit surtout qui doit être bien battu, et lié avec la terre du fond. Quand le fossé est plein, on élève la chaussée en continuant à travailler de la même manière la terre sur toute la largeur du fossé primitif, et en plaçant à droite et à gauche les terres qui doivent en former le surplus. Cette largeur de terrain, travaillé et pisé, porte le nom de *clef*, parce que c'est le soin qu'on lui donne qui ferme hermétiquement l'étang et empêche l'infiltration; le reste des terres de la chaussée se monte à mesure que la clef s'élève; elles se rangent et se tassent avec soin, mais sans être mouillées ni battues. On prend la terre nécessaire sur les deux côtés de l'étang, de manière à ne point laisser de creux qui pourraient retenir le poisson et empêcher l'évacuation des eaux. On entoure quelquefois la chaussée des grands étangs d'un canal de ceinture destiné à recevoir, sans obstacle, les eaux qui pourraient s'échapper à la suite d'inondations et empêcher ainsi le poisson de se perdre, tout en garantissant les propriétés avoisinantes.

On ne saurait apporter trop d'attention à la construction des chaussées d'étangs et veiller à leur solidité; la moindre fissure doit être immédiatement réparée, sans cela le mal irait en s'aggravant, et amènerait une catastrophe; la rupture de la digue de Bouzey et les dégâts incalculables qu'elle a causés sont encore présents à l'esprit du lecteur.

Le ou les canaux de vidange sont munis d'une ouverture ou *œil*, qu'on peut ouvrir ou fermer au moyen d'une bonde, manœuvrée par une vis, une crémaillière ou un treuil, traversant la chaussée dans un puits pour aboutir à sa partie supérieure. L'ensemble de cet appareil d'évacuation s'appelle un *thou*. Par une vanne l'eau sort horizontalement, tandis que par une bonde elle sort verticalement; une bonde exige donc une petite chute d'environ 50 centimètres. La bonde consiste en un bouchon de bois conique qui vient exactement boucher l'œil; lorsqu'elle est levée, l'eau de l'étang s'échappe par le trou de l'œil pour suivre un canal de décharge qui l'emmène au loin.

Les thous se construisent de diverses manières; mais la description de ces divers modes nous entraînerait trop loin. Les thous nouveaux modèles se composent essentiellement d'un puits en maçonnerie construit juste au-dessus de la bonde qui contient le mécanisme qui sert à lever la bonde bouchant cet œil. Ce puits est construit au centre de la chaussée [1].

Le diamètre de l'*œil* a une grande importance, car il doit être calculé de manière à obtenir une prompte mise à sec de l'étang.

Nous croyons utile d'indiquer ici le diamètre à donner à l'œil d'un étang pour laisser échapper une certaine quantité d'eau à la seconde, nous donnons aussi les chiffres pour un étang muni de deux bondes [2].

ÉTANGS A UNE BONDE		ÉTANGS A DEUX BONDES	
Eau affluente en une seconde.	Diamètre de l'œil.	Eau affluente en une seconde.	Diamètre de l'œil.
litres.	mètres.	litres.	mètres.
20	0,134	300	0,367
40	0,190	325	0,382
60	0,232	350	0,396
80	0,268	375	0,410
100	0,300	400	0,424
125	0,335	425	0,437
150	0,367	450	0,450
175	0,396	475	0,461
200	0,424	500	0,473
225	0,450	525	0,485
250	0,473	550	0,497
275	0,497	575	0,508
300	0,519	600	0,519

Le déversoir destiné à assurer la décharge des eaux surabondantes sera installé à une des extrémités de la chaussée, c'est une échancrure dallée ou

<hr>

1. Consulter la partie traitant des Étangs de la *Maison rustique du* XIXe *siècle*, qui donne la description de nombreux systèmes de thous, ainsi que des renseignements détaillés sur la construction des étangs; nous lui avons fait quelques emprunts.

2. D'après la *Maison rustique du* XIXe *siècle*, 2e édition, p. 192.

cimentée de dimensions appropriées. Dans les étangs de grandes dimensions, on en établit ordinairement deux situées à chaque extrémité de la chaussée.

Le canal de vidange, le déversoir du trop-plein, le canal d'amenée des eaux si l'étang est alimenté par une source, doivent être munis de grilles pour empêcher le poisson de s'échapper.

La hauteur de ces grilles doit surpasser le niveau des plus fortes crues, elles sont formées de barreaux en bois quadrangulaires maintenues entre eux par des traverses en fer.

L'espace à laisser entre les barreaux est en relation avec la grosseur du poisson entretenu, la force est calculée d'après l'intensité du courant.

Coût de la construction d'un Étang. — La dépense de construction d'un étang est très variable, mais en admettant un cas simple, une vallée favorable telle qu'en la barrant par une seule chaussée transversale on puisse couvrir d'eau une surface de 10 hectares et que la longueur de cette chaussée soit de 300 à 400 mètres, nous arriverons à la dépense approximative totale de 2 200 francs. Nous pouvons donc, sans craindre de nous tromper, indiquer comme dépense moyenne de l'établissement d'un étang la somme de 300 francs par hectare; mais ce chiffre peut varier en plus ou moins suivant les circonstances. M. Chabot-Karlen en a vu faire un en Suisse d'une superficie de 6 hectares avec une dépense de 116 francs.

II. — Entretien des Étangs.

Les aménagements terminés, on attend pour introduire l'eau dans l'étang que la chaussée se soit tassée, que les bords se soient recouverts de gazon ; à ce moment seulement on introduit l'eau, et on lui fait gagner petit à petit le niveau maximum qu'elle doit avoir — il est même préférable de le dépasser si possible. Si durant ce premier essai la chaussée n'a pas bougé, si la bonde ne laisse pas échapper de l'eau, si la grille et le déversoir fonctionnent bien, on peut songer à son empoissonnement. Dans le cas contraire on le vide pour faire les réparations, réparations qu'on devra faire le plus rapidement possible afin de ne pas laisser l'étang à sec trop longtemps.

Les soins à donner aux étangs consisteront surtout en une surveillance continue de la chaussée afin de réparer les érosions qui pourraient se produire.

Les grands ennemis des étangs sont la sécheresse, l'envasement et le gel.

La sécheresse atteint surtout les étangs alimentés par les eaux pluviales seules ; il n'y a aucun remède à y apporter, elle est néfaste à la généralité des poissons à l'exception de la carpe, de la tanche ou de l'anguille qui s'enfouissent dans la vase ou se creusent de petits bassins dans lesquels ils peuvent attendre longtemps l'arrivée de la pluie.

Si les terres qui l'entourent sont meubles, si elles sont facilement lavées par la pluie, l'étang est fatalement condamné à l'envasement.

On ne peut y remédier qu'en le curant lors des pêches ; la vase enlevée est un riche engrais si on lui enlève son acidité par l'adjonction de chaux.

Le gel est funeste aux poissons dans les étangs peu profonds, il empêche le renouvellement de l'air que l'eau contient en dissolution et qui est absolument nécessaire à la vie des poissons. Ils meurent d'asphyxie sous la couche glacée. Cet accident n'est pourtant pas à craindre dans des étangs de 3 mètres de profondeur.

On peut toujours prévenir cette cause de mortalité en plaçant de distance en distance des bottes de paille maintenues verticalement au moyen de piquets. l'on installe ainsi une multitude de conduits par lesquels pénètre l'air.

Le regretté Carbonnier conseillait, lorsque la surface de l'étang était congelée, de retirer à l'aide de la bonde un peu d'eau ; il se formait alors entre l'eau et la couche de glace un vide qui était bientôt rempli d'air, surtout si l'on avait soin de percer à l'aide de la scie ou de la hache quelques trous que l'on garnissait de paille, de feuilles ou de fumier pour empêcher l'introduction du froid qui congèlerait à nouveau la surface de l'eau. On ne découvre ces trous que pendant les heures les plus chaudes de la journée.

Ce mode d'opérer est de beaucoup préférable au simple percement de trous dans la glace, vers lesquels se précipitent en toute hâte les poissons. Le froid les saisit et fait de nombreuses victimes.

Ces moyens sont utiles, ils renouvellent bien l'air et fournissent aux poissons une nouvelle quantité d'oxygène. « Mais il est incertain que la cause de mortalité soit tout entière dans l'air vicié. Si cela était, les lacs du Nord perdraient tous leurs poissons, emprisonnés dix mois dans la glace, ce qui n'a pas cependant lieu. » (Puvis.)

Pour éviter un accident semblable à celui produit par la glace, le pisciculteur devra veiller à ne pas laisser prendre un trop grand développement aux herbes aquatiques; certaines mousses se propagent à un point qu'elles couvrent entièrement la surface des eaux, empêchent l'introduction de l'air et asphyxient les poissons. Cet accident nous est arrivé lors de nos débuts; tous les poissons d'un vivier périrent en une journée d'été, nous crûmes à un empoisonnement des eaux dû à la vengeance de quelques pêcheurs éconduits. Ce n'est que plus tard que nous nous sommes rendu compte de la cause de cette mortalité totale due à l'abondance des mousses aquatiques [1].

Il arrive quelquefois un accident semblable par suite de l'infection de l'eau par de la matière animale corrompue, les poissons meurent avec rapidité et viennent flotter à la surface.

Le permanganate de potasse est un agent de

1. Le même accident est arrivé à l'étang de l'école de Grignon; M. Déherain a conclu à la mort des poissons par suite du manque d'oxygène, mais il a attribué ce manque d'air non à une interception causée par la couche de plantes aquatiques, mais bien à l'obscurité où étaient plongées les eaux. A la lumière les plantes dégagent de l'oxygène, dans l'obscurité elles l'absorbent pour le changer en acide carbonique. La couche de lentilles d'eau formant une couche assez épaisse pour intercepter les rayons lumineux, les plantes plongées dans l'obscurité avaient dû absorber tout l'oxygène dissous, l'avaient transformé en acide carbonique, et les poissons enfin privés d'oxygène avaient dû périr asphyxiés. (Déherain, *Cours de chimie agricole*.)

désinfection énergique , il est inoffensif s'il es
employé à petites doses, il fallait cependant savoir si
on pouvait l'employer en pisciculture. M. Oltramare,
de Genève, a tenté plusieurs expériences à ce sujet et
pour désinfecter une pièce d'eau il suffit de jeter du
permanganate de façon que l'eau soit à peine rosée.
Un étang avait été empoisonné par quelques kilos de
viande corrompue et les poissons mouraient. Il
s'agissait de sauver 1 700 truites arc-en-ciel. M. Oltramare jeta un kilo de permanganate distribué un peu
de tous les côtés dans l'étang et dans la rivière qui
l'alimentait. Dès le lendemain, l'eau, qui sentait très
mauvais, ne dégageait plus d'odeur et l'on ne constata
plus la mort d'aucune truite. 200 poissons avaient
déjà péri avant le traitement.

L'action du permanganate de potasse est donc certaine, mais il faut s'en servir avec prudence, car peut-
être qu'à dose un peu plus forte il deviendrait
toxique pour les poissons.

Dans les Dombes, la neige est regardée comme un
fléau pour les étangs, le poisson craint beaucoup la
neige et l'eau de neige. « Après quelques instants qu'on
l'a placé sur cette substance, nous dit Puvis, le sang
sort de dessous ses écailles et le poisson meurt promptement. »

Les orages ont aussi une influence nuisible sur les
poissons; lorsque la foudre tombe près d'un étang on
en trouve de grandes quantités de morts, des brochets surtout.

La grêle doit aussi sans doute à son origine élec-
trique ses propriétés néfastes.

Il est inutile de recommander aux propriétaires d'étangs de veiller avec soin aux nombreux ennemis du poisson : loutres, rats, hérons, martins-pêcheurs, palmipèdes sauvages ou domestiques, etc., et de leur faire une guerre acharnée.

III. — Ennemis des Poissons.

Avec la prodigieuse fécondité des poissons femelles il y a lieu de s'étonner que les poissons adultes ne soient pas plus communs; mais aux nombreuses causes de destruction accidentelle vient s'ajouter une longue liste d'ennemis contre lesquels le pisciculteur devra défendre ses élèves, ennemis qu'il devra chercher à éloigner ou détruire par tous les moyens possibles.

Signalons parmi les mammifères :

La *Loutre* dont tout le monde connaît le pelage. Les doigts sont palmés, c'est-à-dire réunis par une membrane comme ceux des oiseaux aquatiques, sa queue aplatie horizontalement. Il en résulte qu'elle plonge parfaitement et nage avec la plus grande facilité.

Elle se tient constamment au bord des rivières et des étangs. Pendant le jour elle reste blottie sur le rivage, dans des cavités creusées par les grosses racines des arbres, dans les pierres des chaussées. La nuit elle quitte sa demeure pour aller chercher sa nourriture qui consiste surtout en poissons et en écrevisses; à leur défaut elle se contente de rats d'eau, de grenouilles et de crapauds. Elle transporte sa pêche dans son gîte où s'accumulent les débris de poissons qu'elle a mangés et qui finissent par répandre dans l'atmosphère une odeur fétide.

La loutre trahit sa présence par ses *épreintes* ou fientes répandues sur son passage habituel. On les reconnaît aisément aux débris d'arêtes de poissons et de coquilles d'écrevisses qu'elles contiennent. Elle a l'habitude de les déposer toujours au même endroit, souvent auprès d'une pierre blanche déposée sur le sable.

Les loutres commettent dans les cantons qu'elles habitent et dont elles s'éloignent généralement peu, des dégâts redoutables. La quantité de poissons dont elles s'emparent est prodigieuse, aussi leur présence amène-t-elle rapidement le dépeuplement des cours d'eau et des étangs. Bien que très sédentaires, elles vont quelquefois exercer leurs rapines dans des pièces d'eau situées assez loin de leur demeure.

La loutre nage très bien entre deux eaux et peut y séjourner assez longtemps; cependant elle est forcée de venir fréquemment respirer à la surface.

Elle entre en chaleur à la fin d'octobre ou au commencement d'avril; la femelle met bas de la fin mars au commencement d'avril deux ou trois petits sur lesquels elle veille avec sollicitude.

La loutre se chasse à l'affût. On la poursuivait autrefois avec des chiens courants.

Les pièges et même les collets sont des moyens de destruction également employés [1], mais ils n'amènent généralement pas grands résultats, car la loutre

[1] Nous recommandons à ce sujet la lecture des études sur la loutre parues dans la revue : *Étangs et Rivières.*

est très rusée et se laisse difficilement prendre aux appâts qu'on lui tend.

Le *Rat d'eau*, au dos noir et au ventre brun ferrugineux (*arvicola amphibius*), de la taille du rat commun, détruit une grande quantité de frai.

Fig. 1. — Plongeon cat-marin, mâle et femelle.

Il ne faut pas le confondre avec le *surmulot*, ce gros rat d'égout qui ne détruit pas le poisson.

Les **Chats sauvages** (les *chats domestiques* ne deviennent-ils pas sauvages toutes les fois que l'occasion s'en présente?) peuvent être rangés avec les *belettes* parmi les ennemis du poisson.

Chez les *oiseaux*, nous trouvons en première ligne tous les *palmipèdes sauvages ou domestiques, canards, oies*, etc., qui happent au passage tout poisson et recherchent avidement sur les herbes aquatiques ou les fonds des ruisseaux les œufs que les poissons y ont déposés.

Le **Héron cendré** (*Ardea major*), bien reconnaissable à son long cou grêle garni dans le bas de plumes effilées et pendantes et à son corps étroit et efflanqué

Fig. 2. — Héron pourpré.

monté sur de hautes échasses. Sa tête, munie d'un bec proportionné au cou, est surmontée d'une huppe noire et son plumage est d'un cendré bleuâtre mêlé de jaune et de noir.

Cet oiseau se tient sur les bords des étangs et des cours d'eau, sur les vases des lacs et des rives de la mer. C'est un oiseau nuisible par la grande quantité de poissons qu'il détruit. Il est doué d'une patience extrême et attend quelquefois des heures entières, le cou rentré dans les épaules, qu'un poisson passe à portée de son bec.

Le **Martin-pêcheur** (*Alcedo hispida*) au plumage bleu d'azur sur le dos est connu de tous, il a la gorge

Fig. 3. — Martin-pêcheur.

blanche et rouillée, le bec rouge et brun. Son vol bas est brusque. Il ne fréquente pas seulement les bords des eaux douces, on le trouve aussi sur le bord de la mer. Il se nourrit de poissons, qu'il pêche aussi bien en eau salée qu'en eau douce.

La quantité de poissons consommés par un seul de ces oiseaux est presque incroyable. M. de la Blanchère l'estime après vérification à pas moins de 180 grammes par jour. Ils ne peuvent vivre vingt-quatre heures sans nourriture tant ils digèrent vite.

C'est un ennemi terrible des pisciculteurs, un rapace de petits poissons et surtout des meilleures espèces, qu'il ose, car il est hardi comme un rat, aller voler jusque dans les endroits fermés.

Fig. 4. — La Grenouille

On doit le détruire par tous les moyens possibles, malheureusement il est difficile à joindre, difficile à tuer et vit presque toujours isolé.

Reptiles. — Les grenouilles, les salamandres d'eau, les serpents d'eau détruisent d'énormes quantités de frai.

Fig. 5. — La Salamandre.

Insectes. — Les dytiques, les larves de libellules et d'éphémères, les notonectes, les phryganes sont à redouter pour le frai et les alevins. (Voir plus loin.)

Crustacés. — Nous en dirons autant des *crevettes des ruisseaux (Gammarus pulex)*, qui, étant d'acharnés destructeurs de frai, sont la proie des poissons adultes.

L'Argule foliacée (Argulus) est un petit parasite d'un vert jaune clair long de 5 millimètres qui s'attache au corps des poissons au moyen de grosses ventouses.

Vers. — Genre des Zoophytes, classe des Intestinaux, de l'ordre des Parenchymaux, famille des Cestoïdes, plats en forme de ruban sans articulation, souvent sans organes distincts, les *ligules* vivent dans l'abdomen de certains poissons et d'oiseaux aquatiques qui se nourrissent de poissons.

La *Ligule abdominale* atteint jusqu'à 0^m,65 centimètres; on la trouve souvent dans la brème.

Les *Echinnorinques* sont des vers ronds qui vivent dans l'intestin des poissons et des crustacés.

Végétaux. — Parmi les végétaux nous rencontrons des *cryptogames*, sortes de moisissures, qui exercent de terribles ravages sur les poissons auxquels ils s'attachent.

Le plus terrible est le *Saprolegnia ferax*, appelé vulgairement *mousse des poissons*, de la famille des *Saprolignières*, dont les spores se fixent sur la peau visqueuse des poissons et y végètent rapidement, surtout sur les individus en mauvaise santé ou débilités, et en amènent la mort[1].

Voici les principales circonstances ou milieux qui favorisent la contagion :

1° Les infusions de fumier qui favorisent les développements des champignons; l'écoulement des eaux purinées;

2° Le manque d'oxygène produit par l'encombrement des poissons dans un espace trop restreint;

3° La contagion entre poissons;

4° La débilité du poisson;

5° Enfin les meurtrissures qui peuvent exister sur le corps des poissons à la suite d'un coup ou d'une blessure. On peut être certain que c'est à cet endroit que s'attaquera le Saprolegnia.

---

1. Le *Saprolegnia ferax*, se propageant mieux dans les eaux froides, s'attaque plus spécialement aux truites et saumons.

Les moyens préventifs à indiquer sont :

1° Éviter dans les endroits où l'on élève les poissons l'écoulement des eaux purinées;

2° Ne pas entasser les poissons dans un trop petit espace ou du moins leur donner une grande quantité d'eau bien oxygénée;

3° Enlever ou détruire les sujets atteints ;

4° S'appliquer à maintenir les poissons en bonne santé en leur offrant le milieu et le régime qui leur sont appropriés ; renoncer à cloîtrer les espèces voyageuses, faciliter au contraire leur descente à la mer — il paraîtrait qu'en eau salée le parasite meurt et que la plaie se cicatrise. — L'expérience prouve en effet que les poissons soumis à un régime qui ne leur convient pas sont plus exposés à contracter la mousse et que c'est le plus souvent cette maladie qui cause leur mort;

5° Éviter enfin par une pêche trop brutale les coups et les blessures qui deviennent presque inévitablement le siège de la maladie.

De récentes expériences ont démontré l'heureuse action du permanganate de potasse contre les saproligniées. Il suffit de répandre ce sel dans l'eau de manière à ce qu'elle prenne une teinte rosée pour arrêter le développement de ces parasites.

CHAPITRE II

ESPÈCES A INTRODUIRE
DANS LES ÉTANGS

I. Choix des espèces. — II. Anguilles. — III. Brochets. — IV. Carpes. — V. Tanches. - VI. Perches. — VII. Poissons exotiques.

I. — Choix des espèces.

« Tout l'art de la pisciculture, nous dit M. Koltz, consiste à confier le poisson convenable à l'eau qu'il réclame. » C'est un axiome que le pisciculteur ne doit jamais oublier ni dans l'exploitation des étangs ni dans celle des lacs ou des rivières.

La division des poissons en espèces propres aux étangs, aux lacs, aux rivières, n'a rien de fixe, la plupart des espèces pouvant vivre dans les unes ou les autres de ces eaux suivant la nature du fond, la température, etc.

Nous désignerons toutefois sous le nom de poissons d'étang les espèces que l'on élève avec le plus d'avantage dans ces pièces d'eau. Ce sont en première ligne : les Cyprins : carpes et tanches, les Brochets, les Perches, les Anguilles, et le pisciculteur se guidera suivant la nature des eaux et du fond.

2.

Si l'étang a un fond vaseux et si la température atteint en été 18 à 22 degrés, il exploitera la carpe, la tanche, le brochet, l'anguille. Si l'eau est boueuse elle-même au lieu d'être claire il empoissonnera avec la carpe carassin, l'anguille. Dans des étangs de même nature, mais plus froids, il cultivera la carpe carassin, l'anguille.

Dans des étangs à eaux dures, à fond sablonneux, où la carpe et la tanche ne réussiraient pas, il mettra du brochet et de la perche.

Enfin si l'étang offre un fond de gravier ou de sable, des eaux claires, limpides, si la température ne dépasse jamais 18 degrés, il pourra cultiver les truites, les ombres, ainsi que la perche. Ces conditions sont rarement réunies dans un étang et ne se trouvent guère que dans de petits lacs créés artificiellement. On ne considère donc pas en général les truites comme des poissons d'étangs et nous les étudierons dans la deuxième partie de cet ouvrage.

Toutefois une nouvelle importée, la Truite arc-en-ciel d'Amérique, supporte une température beaucoup plus élevée que les truites ordinaires, elle pourra peut-être plus tard prendre place dans l'exploitation des étangs.

II. — Anguilles.

Anguilles (Malacoptérigiens apodes), quatrième ordre, anguilliformes.

Les anguilles présentent des nageoires pectorales sous lesquelles les ouïes s'ouvrent de chaque côté.

Elles n'ont pas de nageoires ventrales. Leur forme allongée, leur peau épaisse et molle entourant leurs écailles très petites, sont des caractères tout à fait typiques. La dorsale et la caudale sont sensiblement prolongées autour de la queue et forment par leur réunion une nageoire pointue.

Les espèces pour la France sont nombreuses et encore assez mal déterminées.

L'*Anguille commune* (*Murœna anguilliforme*), longueur maximum $1^m,80$, est trop connue pour que nous nous étendions longuement sur les caractères de ce

Fig. 6. — Anguille.

poisson. Les parties supérieures de son corps sont olivâtres ou brunâtres, les flancs sont plus clairs, le ventre est blanc ; les couleurs de cette espèce varient du reste avec la nature du fond, la profondeur et la pureté de l'eau. L'anguille est répandue dans presque toutes les parties du monde : dans nos contrées, elle est commune dans la plupart des lacs, des marais et des cours d'eau.

L'anguille est un poisson, à n'en pas douter, mais c'est un des poissons les moins poissons, qui entrent dans les eaux douces de notre pays.

En raison de l'étroitesse de ses ouïes et de l'enduit muqueux abondant dont son corps est recouvert, conditions qui retardent la dessiccation des branchies et des téguments, elle vit fort longtemps hors l'eau. Elle peut de la sorte se transporter à d'assez grandes distances des étangs, des marais ou des fleuves qu'elle habite, rampant sur le sol, principalement durant la nuit, parmi les herbes imprégnées de rosée. C'est principalement quand l'eau vient à manquer dans les endroits où elle avait élu domicile qu'elle entreprend ces voyages, à la recherche de l'élément liquide. D'autres fois elle se contente, le soleil ayant desséché les mares, de s'enfoncer petit à petit dans la vase, au fur et à mesure des progrès du desséchement du sol, attendant que les pluies aient ramené une quantité suffisante d'eau. Cette ténacité vitale fait qu'on peut transporter fort loin ce poisson qui, déjà à l'état de civelle, vit dans des conditions où tout autre poisson trouverait la mort.

A propos des mœurs terrestres de l'anguille, nous pouvons signaler une habitude singulière de ce poisson : celle de visiter les champs de pois et de s'y nourrir qui fut longtemps admise comme une légende. Une observation récente confirme la réalité du fait.

En septembre dernier, un pêcheur cultivateur des environs de Kœnigsberg venait de couper sa récolte de pois qu'il laissait sécher en plein champ. Le lendemain en arrivant sur la place, il remarqua beaucoup d'agitation dans le fourrage. En s'approchant, il y découvrit toute une société d'anguilles qui s'était réunie là pour se régaler de ses pois. On en voyait de petites et de grandes; trois seulement furent capturées, les autres gagnèrent la rivière. Dans un champ voisin, le pêcheur fit la même découverte, et put saisir deux anguilles de forte taille. En les ouvrant il trouva dans chacune de vingt à trente pois à moitié déchirés.

On savait déjà que l'anguille aimait les pois, mais c'est peut-être la première fois qu'on l'a surprise en train de les manger à terre.

L'anguille dépasse rarement le poids de 4 à 5 kilogrammes. Elle se nourrit, quand elle est jeune, de petits crustacés, cyclopes, daphnies, crevettes et de larves d'insectes. Plus tard elle recherche des proies de plus forte taille, vairons, ablettes, mollusques, têtards, écrevisses.

Le mode de reproduction des anguilles a été pendant longtemps un mystère, et c'est seulement ces dernières années qu'on a trouvé une solution à ce problème. Les anciens avaient émis à ce sujet les hypothèses les plus fabuleuses, jusqu'au point de faire naître les jeunes anguilles de la chair corrompue des cadavres d'animaux jetés à l'eau ou de fragments des corps des adultes.

L'anguille est ovovivipare, et à l'inverse des aloses et des saumons, qui viennent dans les eaux douces pour y frayer, l'anguille se rend en hiver à la mer pour y frayer.

Toutefois, s'il en faut croire un article de Chasse et Pêche, il se pourrait que, dans certaines conditions, les anguilles se reproduisent en eau douce.

Le docteur Lorenz, à Coire près Casanova, vient de publier un extrait du 39ᵉ *Bulletin annuel* de la

Société d'histoire naturelle du pays des Grisons :
L'Anguille dans le lac de Cauma.

Le docteur Lorenz a écrit une histoire, malheureusement non encore publiée, de la faune ichtyologique des eaux de Grise. La *Schweizerische Fischrey-Zeitung* en a déjà publié des extraits et espère la donner un jour en supplément.

Le docteur a étudié tout spécialement le lac de Cauma, près de Flims, complètement isolé et sans aucun affluent ouvert. Ce lac a été peuplé artificiellement d'anguilles, elles s'y développent à souhait et, d'après les conclusions du docteur Lorenz qui sont pour ainsi dire des certitudes, *les anguilles s'y reproduisent en eau douce.* Il est absolument impossible aux poissons du lac de Cauma, entièrement fermé, de retourner à la mer et il est prouvé que dans ce lac il y a des anguilles mâles à côté des femelles. Il y a été déversé de la montée contenant des exemplaires des deux sexes. Tous les déversements dans ce lac peuvent être contrôlés et il est prouvé qu'actuellement, outre des anguilles femelles complètement adultes, on y trouve aussi des anguillettes, la plupart petites, et même de toutes petites parmi lesquelles des mâles et des femelles.

Il est impossible que celles-ci soient encore celles qui ont été déversées précédemment. Elles doivent donc avoir été élevées ici même. Le docteur Lorenz n'en doute aucunement ; l'anguille peut se reproduire en eau douce pourvu qu'il y ait des mâles et que le retour à la mer des femelles ait été rendu impossible.

Il pourrait être fait de nouvelles expériences dans

les lacs isolés, sans affluent visible, afin de confirmer la théorie du docteur Lorenz. Comme dans le pays des Grisons il y a plusieurs autres petits lacs dans le genre de celui de Cauma, il serait possible de résoudre ce très curieux problème en fort peu d'années. Il suffirait de se borner à ne faire qu'un seul déversement de montée, ou mieux d'une grande quantité de petites anguilles de peuplement, parmi lesquelles il doit y avoir des mâles, et de contrôler ensuite s'il se retrouve plus tard de plus jeunes et de plus petits exemplaires.

Des anguilles de Termonde pourraient de beaucoup raccourcir la durée de ces expériences, surtout si on les prend assez grandes, en rejetant toutes celles qui seraient en-dessous d'une taille minima déterminée. Espérons pouvoir bientôt faire connaître le résultat de nouvelles expériences concluantes.

Il faut admettre que tous les corégones de Suisse étaient aussi primitivement des poissons de mer, qui, restés enfermés dans des bassins isolés, ont dû s'acclimater dans l'eau douce et s'y reproduire; il ne serait donc pas si absurde d'admettre que le cas pourrait également s'appliquer à l'anguille.

Au printemps, les anguilles, qui ressemblent à des fils gélatineux de la dimension d'une épingle à cheveux, se présentent à l'embouchure de nos fleuves et en remontent le cours par milliards et milliards, au point d'en obscurcir la clarté. On donne le nom de montée à cette réunion de jeunes anguilles, qui, d'après M. Gaucklcr, mesurent 25 à 40 millimètres en longueur et 2 millimètres en diamètre. La montée d'anguilles, emballée dans de la mousse humide ou dans des herbes aquatiques, peut se transporter à des distances considérables. C'est avec elle qu'on empoissonne les étangs éloignés des fleuves. On les nourrit pendant les premiers temps de toute espèce de matières animales très divisées ; elles sont très friandes de boulettes de terre glaise mélangée à du crottin de cheval.

L'anguille se plaît dans toutes les eaux, pourvu qu'elle y trouve un fond vaseux et quelques retraites ombragées. Si on la met sur un fond de sable, elle émigre pour des eaux qui lui conviennent mieux.

La croissance de l'anguille est rapide, mais par contre sa voracité est considérable, mais si l'on peut se procurer à bon marché les aliments qui lui conviennent, la culture de l'anguille peut devenir une bonne opération [1].

La queue de l'anguille est extrêmement sensible. D'où la coutume des pêcheurs qui veulent tuer cet animal, de lui frapper d'un coup sec, non la tête, mais bien la queue, ou simplement de mordre fortement cette partie du corps.

La chair de l'anguille est très appréciée, c'est le type des poissons gras.

Les Grecs aimaient beaucoup ce poisson, ils surnommaient l'anguille l'Hélène des repas ; mais tous les médecins, depuis Hippocrate, sont unanimes à regarder la sapidité de sa chair comme un piége

---

1. Il ne faut tenter le repeuplement des rivières à l'aide de ce poisson qu'avec une extrême prudence, à cause de sa voracité insatiable.

dangereux. L'école de Salerne ne voit d'autre moyen de corriger les mauvais effets de l'anguille que de l'arroser de bon vin. « Anguillæ nimis obsunt, ni tu sepe bibas et rebibendo bibas. » C'est sans doute pour se conformer à ce principe que la plupart des gourmets mangent l'anguille en matelotte. Les moines en font un pâté qui porte nom de cervelas de Bénédictins. On la sert cuite dans un moule de tourte, avec des fines herbes ou bien cuite à la broche et arrosée d'huile, cette dernière manière de la préparer remonte aux Romains comme le prouvent deux peintures trouvées à Pompéi sur les piliers d'une hôtellerie. Une plaisante anecdote de Brillat-Savarin tend à insinuer que cet aliment jouit d'une influence génésique marquée.

On distingue en France plusieurs espèces d'anguilles qui diffèrent par la conformation de la tête. On ignore toutefois si l'on se trouve en présence de variations de formes accidentelles ou de véritables variétés de l'espèce. On distingue les anguilles communes de celles qu'on appelle anguilles à large bec, à bec moyen, à long bec et à bec oblong. Il est probable que toutes ces variétés appartiennent à la même espèce, car toutes ont le même nombre de vertèbres et les mêmes mœurs.

III. — Brochets.

Brochet Commun (*Esox lucius*), longueur maxima 1 m. 50; *Malacopt. abdom.*, 2ᵉ famille, *Esoches*. —

Tête grosse, longue, aplatie antérieurement en bec de canard; gueule énorme et fendue jusqu'au-dessous des yeux, garnie de 700 dents crochues en arrière, formant partie des mâchoires, et de dents palatines en nombre indéterminé. Corps allongé, cylindrique, dos aplati d'un vert plus ou moins blanchâtre, flancs verts à reflets dorés, couverts de grandes taches noires. Écailles très petites. Nageoires rougeâtres, dorsale très en arrière, queue fortement échancrée.

Le brochet habite à peu près toutes les eaux de la France : fleuves, rivières, étangs, lacs, aussi bien dans les eaux courantes que stagnantes, froides ou chaudes. Lacépède l'a surnommé à juste titre le requin d'eau douce; en deux jours il peut consommer son propre poids de nourriture, aussi croît-il très rapidement; en un an il acquiert une longueur de 20 centimètres, et un poids de 500 à 1 000 grammes (Gauckler). Sa présence est un fléau pour les autres espèces : il s'attaque à tout, non seulement il dévore ceux de son espèce, mais les petits mammifères, les oiseaux aquatiques et les reptiles ne sont pas à l'abri de ses attaques; on peut dire qu'il se jette sur tout ce qui remue. Rondelet rapporte l'histoire d'une mule, que l'on faisait boire dans le Rhône et qui fut mordue à la lèvre par un brochet. Il la tenait si bien qu'en s'enfuyant la mule emporta le poisson, au grand ébahissement des spectateurs surpris de ce nouveau genre de pêche. Pennant ajoute le trait encore plus surprenant d'un brochet qui engloutit la tête d'un cygne, au moment où ce palmipède plongeait son long cou sous l'eau, et cela avec une vora-

cité telle que les deux animaux y trouvèrent la mort.
Voici un exemple du degré auquel peut atteindre son
appétit : un batelier du canal de Ramsay, en Angleterre, aperçut le 28 juin dernier, non loin du château
de Péterborough, un brochet flottant presque inanimé
à la surface de l'eau. Il s'en rendit maître facilement,
le tua, l'ouvrit et trouva dans son estomac, avec un
petit brochet d'une demi-livre, un petit morceau de
fer long de six pouces, large d'un pouce, épais de

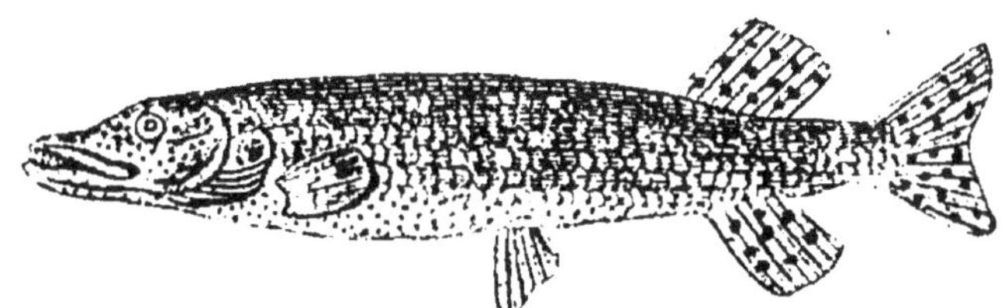

Fig. 7. — Le Brochet.

trois quarts de pouce et pesant une livre et demie.
Ce mets indigeste avait crevé l'estomac et les intestins du poisson vorace, qui ne pesait pas moins de
sept livres. On raconte des choses non moins mer-
veilleuses relativement au grand âge que les brochets peuvent atteindre, et au développement dont
ils sont susceptibles. Il n'est pas rare d'en voir de
1 mètre de long et du poids d'une dizaine de kilos;
on en cite même de 3 mètres de long. S'il est vrai
que Frédéric II ait fait fixer à un brochet, en 1230,
un anneau sur lequel étaient gravés en grec les mots
suivants : « Je suis le poisson qui, le premier de tous,
a été placé dans ce lac par le maître de l'univers,
Frédéric II, le 5 octobre 1230 », l'individu pêché
en 1497 avait vécu plus de deux cents ans. Le bro-

chet vit habituellement d'une manière solitaire, mais au moment de la fraye, il recherche la société de ses pareils. En février et avril il dépose ses œufs sur les plantes aquatiques ou sur le fond de sable d'un endroit de la rivière tranquille et peu profond. Ses œufs sont petits, collants, transparents, d'un vert rouge. La femelle est très prolifique, elle en pond de 40 à 50 000. Ces œufs demandent de 10 à 14 jours d'incubation, à une température de 10 à 12 degrés centigrades. Les alevins vivent d'abord d'infusoires, de vers, et d'insectes, mais dès le milieu du mois de juin, ils se mettent en chasse et saisissent, pour se nourrir, le frai des poissons qui pondent à cette époque.

Dans les cours d'eau libre, il faut, sinon détruire le brochet, du moins restreindre sa propagation le plus possible, à cause des ravages qu'il exerce autour de lui. Dans les étangs à carpes, sa présence, au contraire, est très utile, parce qu'il fait disparaître tout le fretin qui enlèverait de la nourriture aux carpes et qu'il empêche ces dernières de frayer et de s'affaiblir par la ponte. Le brochet témoigne d'une prédilection très marquée pour la tanche, qu'il poursuit sans relâche partout où il la rencontre. On a ainsi tout intérêt à changer, en bonne chair d'une vente facile, les petits poissons dont on ne tirerait aucun parti. La voracité du brochet rend sa culture spéciale assez difficile, par suite de l'abondance de nourriture qu'il faut lui fournir. La chair du brochet est blanche, ferme, appétissante et exempte de mauvais goût quand il a été élevé en eau claire.

Quelques personnes mangent ce poisson à la broche, d'autres à la maître-d'hôtel, à la vinaigrette ou en sauce blanche, après l'avoir fait cuire au bleu.

IV. — Carpes.

Cyprinus. — Groupe facile à distinguer dans la famille; faciès tout particulier, trapu, vigoureux; écailles grandes ou absentes ou mélangées; 4 barbillons à la mâchoire supérieure et en scie.

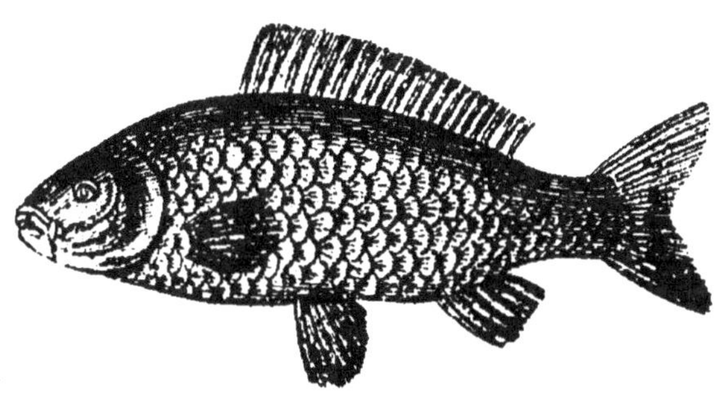

Fig. 8. — La Carpe.

Carpe Vulgaire (*Cyprinus carpio*, Lin.). — Poisson de la famille des Cyprins connu de tout le monde; dos arqué, d'un vert olivâtre ou bleuâtre, jaunâtre en dessous, ventre plus blanc. 4 barbillons dont deux aux angles de la mâchoire. Écailles grandes et solides. Tête forte, grosse et obtuse; yeux petits.

La carpe vit dans toutes les eaux tranquilles de l'Europe où elle atteint jusqu'à 1 m. 20. Elle s'élève aisément dans les rivières et les étangs et est généralement de bon goût.

Originaire de la Perse et de l'Asie Mineure, elle est acclimatée dans toutes les eaux de l'Europe.

Les eaux claires et peu courantes lui conviennent et cependant elle trouve dans ces eaux des qualités qui échappent à nos observations, puisqu'elle se confine dans telle ou telle partie d'un fleuve ou d'une rivière et qu'on ne la trouve que là, et celles qu'on élève et qu'on abandonne dans ces rivières à l'état sauvage vont rejoindre les autres aux mêmes endroits et ne repeuplent point le cours d'eau dans toute sa longueur.

La carpe se reproduit cependant avec une grande facilité dans les étangs, mais l'eau vaseuse communique facilement un goût de marécage à sa chair. Il est facile d'ailleurs de lui faire perdre ce goût de vase, en la faisant dégorger, huit jours seulement, dans une eau vive.

Alors que la carpe veut frayer, elle quitte les grands cours d'eau pour chercher des endroits plus tranquilles, et dans cette route elle n'est pas arrêtée par des chutes d'eau de 2 mètres qu'elle remonte avec autant d'adresse et de persévérance que la truite.

La carpe est très prolifique. Quand elle ne pèse que 250 grammes, elle pond environ 200 000 œufs; avec un poids de 2 kilogr. 500, elle arrive à en pondre 600 000. Les œufs sont petits, verdâtres, collants et s'agglutinent aux plantes aquatiques. Elles frayent au mois de juin, quand l'eau a atteint une température de 20 degrés; quelquefois, pendant les années chaudes, il se produit des pontes au mois de mai et d'autres au mois de septembre. Dès le quatrième jour, on aperçoit les yeux du petit poisson et l'éclosion a lieu peu de jours après. La carpe se croise avec le carassin et avec le chevesne, et donne alors des métis de qualité inférieure. L'accroissement de la carpe est rapide, quoique variable, suivant la nature des eaux et l'abondance de la nourriture.

Ce cyprin, d'après l'ouvrage sur les poissons du lac Léman, de M. Lunel, qui à sa naissance est environ du poids de 8 grammes, en pèse 32 à deux ans, 500 à trois ans; 2 à 3 kilogrammes à cinq ans, 4 à 5 kilogrammes dans sa sixième année. Passé cet âge, la progression de son accroissement va en diminuant, le corps de l'animal augmentant alors en hauteur et en épaisseur; on cite pourtant des sujets qui atteignent 1^m,20 de long et qui pèsent jusqu'à 45 kilogrammes. Les eaux tranquilles des étangs conviennent parfaitement à ces poissons, ils y trouvent en effet en abondance, les petits crustacés, les mollusques, les végétaux qui forment leur alimentation ; car quoique l'on puisse considérer la carpe comme se nourrissant de végétaux, elle ne dédaigne pas une proie vivante, insectes ou mollusques, voire même son propre frai.

La carpe s'engraisse parfaitement dans les viviers. Il paraîtrait qu'en Hollande, on a essayé d'engraisser les carpes, en les suspendant dans des filets remplis d'herbes humides et en leur donnant une pâtée composée de mie de pain et de lait. La castration donne des résultats merveilleux.

On connaît plusieurs variétés de carpes.

1° La *Carpe à miroir, reine des carpes, carpe à cuir* (*Carpiorex cyprinorum*). — Remarquable par le petit nombre et la grandeur de ses écailles. On désigne plus particulièrement sous le nom de carpe à cuir une variété dépourvue d'écailles, qui n'est qu'une carpe à miroir, dont les écailles ne sont pas développées ou sont tombées. C'est une très belle carpe d'un développement très rapide.

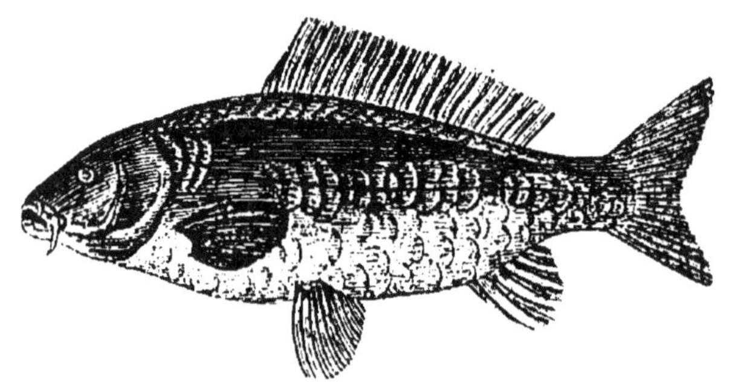

Fig. 9. — La reine des Carpes.

2° La *Carpe bossue* ou *gibèle* (*Cyprinus gibelio*). — Qui a le corps beaucoup plus large que long et porte la caudale taillée en croissant ; elle se fait aussi remarquer par l'absence de barbillons ; elle prospère très bien dans les marais et les tourbières. C'est, comme dit M. de la Blanchère, le poisson des eaux dormantes les plus mauvaises, des mares et des tourbières, où il se plaît et multiplie beaucoup sans prendre le goût de la vase dans laquelle il habite. Il a la vie extrêmement dure, il peut demeurer encore vivant trente heures après avoir été tiré de l'eau. La carpe vulgaire possède déjà une grande vitalité, mais pas à ce degré.

3° **La Carpe Carassin** (*Cyprinus carassinus*). — La
structure de ce poisson est la même que celle de la
carpe vulgaire, avec cette différence qu'il a un corps
très élevé, à ligne latérale droite, à tête petite, à
caudale coupée carrément. Il aime les fonds marneux
et glaiseux des étangs. Il a l'avantage d'être beaucoup
plus rustique que la carpe. « C'est, dit M. Gauckler,
le vrai poisson domestique désigné pour l'élevage
aux fermiers et aux
propriétaires ru-
raux. Très rustique,
il réussit dans les
plus petites mares
d'eau. » Nous ajou-
terons qu'il possède
une supériorité très
importante pour
ceux qui élèvent la

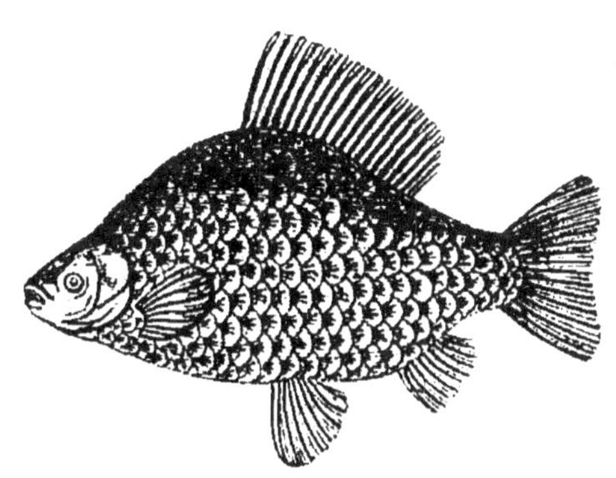

Fig. 10. — Le Carassin.

truite : il fraie dans des eaux trop froides pour la
reproduction de la carpe, de même que le gardon, et
sa place est donc indiquée dans les étangs à truites
trop froids pour la carpe ordinaire.

4° **Carpe Reine** (*Cyprinus regina*). — Plus allongée
que la carpe ordinaire.

5° **Carpe de Hongrie**(*Cyprinus Hungaricus*). — Corps
plus comprimé que la carpe reine.

6° **Carpe de Kollar** ou *carreau* (*Cyprinus Kollarii*). —
A barbillons très courts et considérée comme un
croisement entre la carpe ordinaire et le carassin.

7° **Carpe dorée** (*Cyprinus auratus*). — La *Carpe dorée*
mérite d'ailleurs à double titre de fixer un instant

notre attention : d'abord parce qu'elle est peu connue,
puisqu'on ne la trouve décrite nulle part, et aussi
parce qu'elle l'emporte en mérite sur les deux autres
sortes de poissons que nous venons de nommer,
puisque la beauté de sa parure la rend aussi char-
mante que le *Poisson rouge*, dont le défaut est de
croître très lentement, tandis que sa croissance rapide
la rend aussi utile que la *Carpe vulgaire*, à laquelle

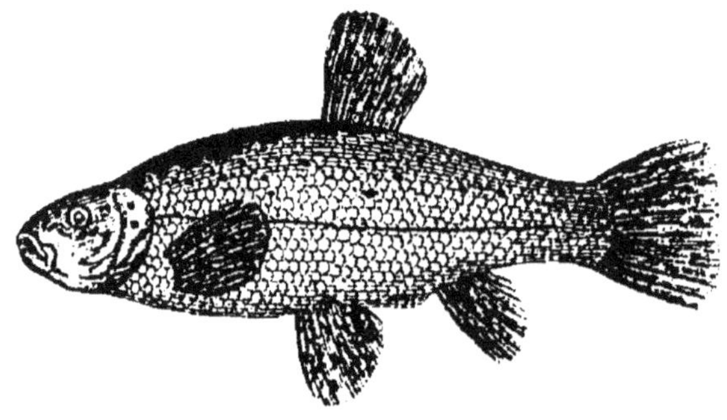

Fig. 11. — La Carpe dorée.

on peut reprocher d'être un poisson d'aspect peu
réjouissant dans un bassin.

Comme cette variété est à peu près inconnue,
décrivons-la d'abord sommairement :

« L'individu qui nous sert de type, âgé de quatre ans,
mesure au total 37 centimètres et de l'œil à la naissance de la queue 28 centimètres; la tête a 8 centimètres de long; le plus grand diamètre du corps est de
9 centimètres 1/2, et sa plus grande circonférence de
23 centimètres; c'est la forme générale de la *Carpe
vulgaire.*

La tête est petite par rapport à l'espèce commune,
et la bouche, plus petite encore, est munie de 4 bar-

billons rudimentaires, car les deux supérieurs mesurent à peine 1/2 centimètre, et les deux inférieurs 1 centimètre de longueur.

Les nageoires sont courtes. La dorsale, qui mesure 13 centimètres, est basse et compte 22 rayons, dont un seul dentelé, court et gros; pectorales 16 rayons: ventrales 4 petits et 5 grands rayons; anale 8 rayons, dont 2 dentelés; caudale 23 rayons.

La ligne latérale, à peine indiquée, compte 37 écailles.

La robe est lavée de rouge vif et d'argent; les écailles sont marquées de taches noires très petites, et ont, surtout sur le dos, des reflets bleu d'argent. La gorge et le dessous de la tête sont roses.

Les nageoires sont toutes lavées de rouge et tachées de nombreux petits points noirs.

La couleur varie du reste beaucoup d'un sujet à l'autre; tandis que certains ont un aspect rose assez uniforme, chez d'autres on observe des parties plus argentées, à côté d'autres plus rouges.

Enfin, détail tout à fait caractéristique, la chair elle-même est rouge; non pas d'un rose uniforme comme celle du saumon, mais rouge brun, plus ou moins colorée suivant les parties du corps[1]. »

Les petites carpes sont désagréables à manger, mais les grosses sont charnues et leur chair est ferme et délicate quand elles sont prises en eau vive.

1. A. d'Audeville, *Bulletin de Pisciculture.*

V. — Tanches.

Tanche (Cyprinus Linca, Lin.). — Ce poisson, qui appartient à la famille des cyprins, n'a toutefois que de très petites écailles et des barbillons très petits.

La tanche se reconnaît aussi de suite à la grande épaisseur de la partie du corps qui soutient la caudale, ce qui donne au poisson un aspect lourd et courtaud.

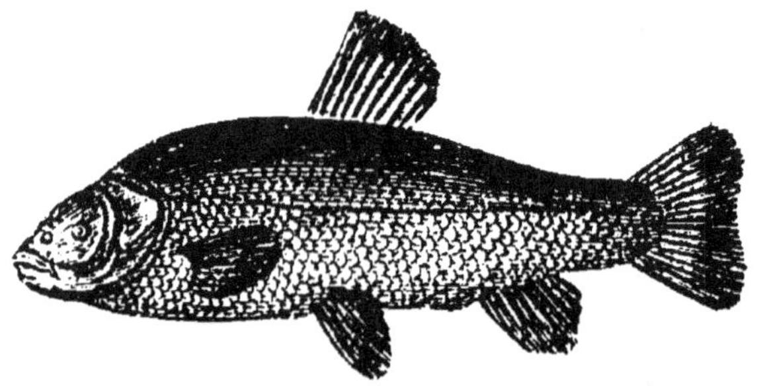

Fig. 12. — La Tanche.

Le dos est bronzé, les flancs plus clairs et comme saupoudrés d'or, le ventre d'un blanc jaunâtre; mais ces colorations varient suivant la nature des eaux et l'âge des poissons.

La tanche est couverte d'une abondante mucosité qui à l'air masque les écailles, mais dans l'eau les laisse voir parfaitement; sa taille moyenne est de 15 à 20 centimètres de longueur, elle dépasse rarement 50 centimètres; son poids moyen de 400 grammes peut atteindre 3 et même 4 kilogrammes.

Une tanche d'une livre est déjà de belle taille.

Les femelles fraient en bandes de mai à juillet et

pondent plusieurs milliers d'œufs, petits, verdâtres, adhérents entre eux comme ceux de la carpe, qu'elles déposent sur les herbes. Les œufs sont au nombre de 300 000 par femelle.

Les alevins éclosent au bout de 6 à 7 jours, mais une température de 20 à 22 degrés au moins leur est nécessaire.

La croissance de la tanche est assez rapide.

Son alimentation est la même que celle de la carpe et on la trouve dans les mêmes eaux. Elle affectionne néanmoins les eaux vaseuses et bourbeuses. Elle ne quitte pas les fonds, elle vit sur et dans la vase et quelquefois plongée dans une vase si noire et si fétide, qu'on s'étonne qu'une créature animée n'y soit pas immédiatement asphyxiée.

« Peu de poissons, nous dit d'Audeville, rendent dans des cas déterminés d'aussi grands services que la tanche, car si elle ne mérite pas d'être classée parmi ceux dont le goût est des plus fins, ni parmi ceux dont la croissance est rapide, elle permet de peupler des eaux qui sans elle seraient inutilisables. Sa vitalité est incroyable et pendant de longues heures elle peut séjourner soit à l'air, soit dans la vase. Aussi les eaux bourbeuses impropres à tous les autres poissons forment-elles son domaine réservé, bien qu'elle préfère assurément les eaux claires et y prospère plus rapidement. C'est du reste dans la vase qu'elle va chercher sa nourriture, utilisant des détritus qui seraient perdus sans elle. »

Quoique ayant une légère odeur de vase, la chair de la tanche est assez estimée.

VI. — Perches.

Perche commune (*Perca fluviatilis*). — Corps allongé, comprimé, assez épais, vert bronzé clair avec 4 ou 5 bandes transversales plus claires, gueule terminée en arrière par une pointe aiguë et couverte de plusieurs rangées de petites écailles en avant. La pre-

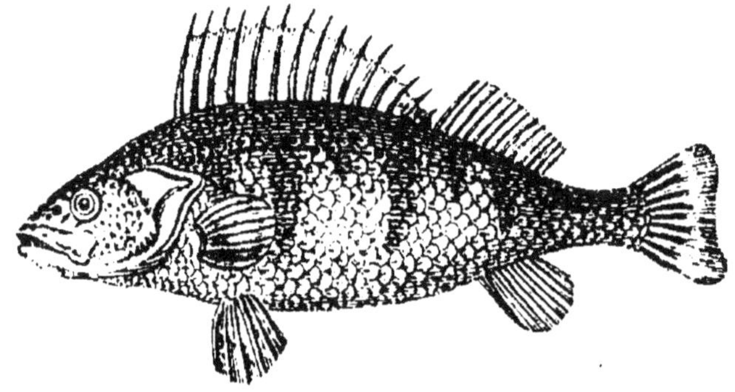

Fig. 13. — La Perche.

mière nageoire du dos porte en arrière une tache noire, les nageoires du ventre sont rouges.

La perche se rencontre aussi bien dans les étangs, les lacs que dans les rivières et les fleuves, mais elle aime surtout les fonds de sable et de gravier.

C'est un poisson carnassier très vorace ; sa nourriture se compose d'insectes, de frai de poisson et des poissons eux-mêmes.

Elle grandit peu et lentement. Son poids moyen est de 300 grammes à 1ᵏᵍ,250 grammes et sa longueur de 30 à 33 centimètres. Une perche de plus de 2 kilogrammes est un phénix rare.

Les nageoires du dos sont garnies d'épines : elle est

protégée par ces pointes contre les attaques des autres poissons carnassiers.

La perche fraie depuis le mois de mars jusqu'au commencement de mai; elle est très prolifique (une perche de taille moyenne donne 500 000 œufs). Elle dépose ses œufs sur les herbes aquatiques, ils sont agglomérés par une matière mucilagineuse et forment de longs chapelets. L'incubation dure 8 à 10 jours.

Sa chair est excellente. Gessner la place au-dessus de celle du brochet, Brillat-Savarin la désigne aux gourmets sous le nom de perdrix d'eau douce.

VII. — Poissons exotiques.

Quoique nous possédions dans nos eaux des poissons de grande valeur parfaitement adaptés au but que se propose le pisciculteur, on a songé à introduire dans nos contrées des espèces exotiques. Ne serait-il pas plus sage de multiplier, de protéger les poissons de qualité excellente que nous possédons plutôt que de porter nos efforts vers d'autres qui sont peu connus et dont la réussite présente un vaste aléa.

Nous ne pouvons pourtant pas condamner entièrement l'acclimatation des poissons étrangers, car c'est à elle que nous devons la truite arc-en-ciel, de si grande valeur, c'est grâce à elle que nous aurons bientôt dans la Méditerranée des saumons à la chair exquise.

Nous ne ferons que mentionner quelques poissons américains qui nous paraissent recommandables et appropriés aux étangs.

Cat fish (*Silure d'Amérique*). — Robuste, fécond, ce poisson vit dans les eaux stagnantes. Il se nourrit de vers, larves et ne dédaigne pas les corps morts. Sa chair est estimée ; à l'âge adulte il atteint une vingtaine de centimètres.

Perches Américaines. — 1° *Calico-bass* ou *Silver-bass* (*perche argentée*). Jolie perche qui atteint le poids d'une livre et dont la chair est très estimée aux États-Unis. Ces poissons sont parfaitement acclimatés chez nous et sont remarquables par leur fécondité et leur rusticité. Bien que les Calico-bass appartiennent à la famille des perches, ils ne présentent pas la voracité qui caractérise toutes les espèces de ce groupe. La petitesse et la conformation particulière de leur bouche ne leur permet de saisir que de très petites proies, vers, insectes, petits crustacés. Ils demandent pour frayer des eaux plutôt chaudes.

2° **Black-bass** (*Perche noire*). — On en connaît deux espèces : le *Black-bass à large bouche*, qui prospère dans les étangs, même à eau bourbeuse ; le *Black-bass à bouche étroite*, qui se plaît surtout dans les eaux claires et courantes.

Ce sont des poissons qui peuvent atteindre un poids maximum de 3^{kg},900 et 63 centimètres de longueur.

CHAPITRE III

REPRODUCTION DES CARPES, TANCHES, BROCHETS. PERCHES

I. Reproduction naturelle. — II. Multiplication des Carpes et Tanches. — III. Multiplication des Brochets. — IV. Multiplication des Perches.

I. — Reproduction naturelle.

Tous les poissons se reproduisent au moyen d'œufs. Les œufs, expulsés du ventre de la mère, sont arrosés par un liquide d'aspect laiteux — d'où lui vient son nom de laitance — qui est sécrété par le mâle et qui féconde les œufs. Suivant les œufs varie la durée pendant laquelle la laitance garde ses propriétés fécondantes, les œufs eux-mêmes ne sont aptes à subir les effets de la liqueur du mâle que pendant un temps plus ou moins limité.

Les œufs de la généralité des poissons, une fois fécondés, restent en incubation dans l'eau jusqu'au moment où l'embryon est assez développé pour briser la coque, comme le poussin après avoir été couvé un certain temps brise la coquille de l'œuf.

L'anguille fait exception : son mode de reproduction n'est pas encore bien connu, mais il est établi que les jeunes sortent tout vivants d'œufs qui restent toute la durée de l'incubation dans le ventre de la mère.

Les cyprins, carpes et tanches, les brochets, les perches sont dits poissons à œufs *collants* ou *adhérents*, parce que les œufs qu'ils pondent sont recouverts d'une matière visqueuse ou collante qui les fixe aux herbes ou plantes aquatiques contre lesquelles la femelle les pond en se frottant contre elles. Le mâle se frottant contre les mêmes plantes arrose les œufs de sa liqueur fécondante.

Chez les poissons à œufs libres : truites, corégones, etc., les œufs sont expulsés du ventre de la mère et déposés librement sur le gravier sans y être attachés par aucune matière visqueuse ou autre.

Les œufs collants sont donc déposés sur les herbes et plantes aquatiques qui garnissent les bords des étangs. Mais à quels dangers ne sont-ils pas exposés? Les nombreux ennemis qu'ils ont : oiseaux aquatiques, rats, couleuvres, autres poissons carnassiers, peuvent les détruire, la moindre variation dans le niveau de l'eau peut les mettre à sec et les faire dessécher par le soleil, les inondations les entraîner. Si bien que quelques savants pisciculteurs déclarent que dans les conditions naturelles 1,25 pour 100 des œufs de carpes pondus arrivent à l'éclosion.

Il est donc de tout intérêt pour le pisciculteur de protéger les œufs contre leurs ennemis et de les mettre à l'abri des variations de niveau et des inondations.

Le pisciculteur récoltera les herbes sur lesquelles les œufs ont été pondus, les enlèvera avec leur provision et les transportera dans de petits bassins où ils écloront tranquillement sans accident et où les alevins seront à l'abri pendant leur tout jeune âge ; car ils ont eux aussi de nombreux ennemis. On peut placer aussi les herbes chargées d'œufs en pleine eau dans des boîtes percées de trous ou des paniers à claire-voie.

Frayères artificielles. — Tous les étangs n'ont pas des herbes ou plantes aquatiques, et s'ils en sont

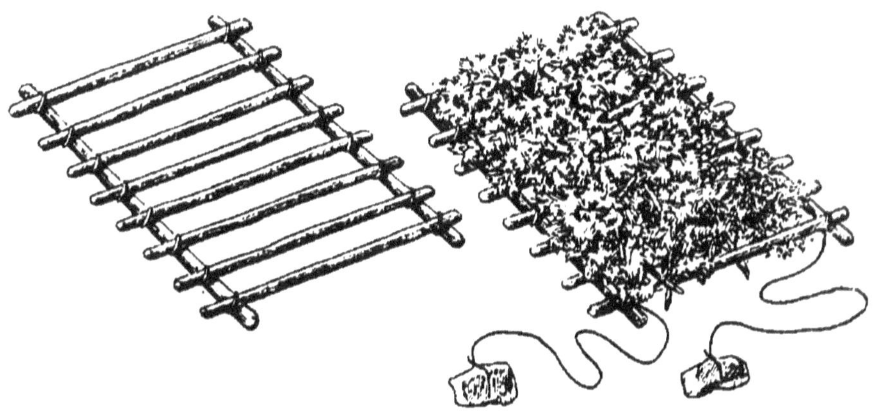

Fig. 11. — Frayère artificielle.

garnis on les détruit souvent pour obliger les poissons à venir déposer leurs œufs sur des frayères artificielles que l'on peut retirer plus aisément et transporter facilement ailleurs.

On peut construire ces frayères de diverses manières, mais les plus pratiques sont des cadres en bois (fig. 14) de formes et dimensions variables que l'on recouvre de plantes aquatiques, de balais de genévriers, de manière à ressembler à une claie ou à une petite toi-

ture sous laquelle on voudrait abriter quelque chose.
On place deux ou trois mois avant l'époque de la
ponte (afin que le poisson s'y habitue) ces claies obliquement contre la rive en ayant soin d'attacher à
l'une des extrémités un poids assez lourd pour qu'elles
ne flottent pas et s'enfoncent aux trois quarts dans

Fig. 15. — Frayère du conseiller Lund.

l'eau. Elles sont maintenues à la rive par une corde
attachée à un piquet ; la ponte effectuée, on retire les
branchages du cadre et on les place dans un bassin
spécial. Un simple baquet peut faire l'affaire et recevoir une grande quantité d'œufs à éclore.

En Suède, on se sert souvent d'un appareil inventé
en 1761 par le conseiller Lund. C'est tout simplement (fig. 15) une caisse de grandes dimensions dont

les parois sont percées de trous et garnies intérieurement de branches d'arbres, sapins, pins ou mieux genévriers. L'emploi du genévrier pour garnir les frayères est des plus recommandables, ses picots stimulent l'ardeur des poissons. On installe cette caisse dans un endroit de l'étang où l'eau est chaude et

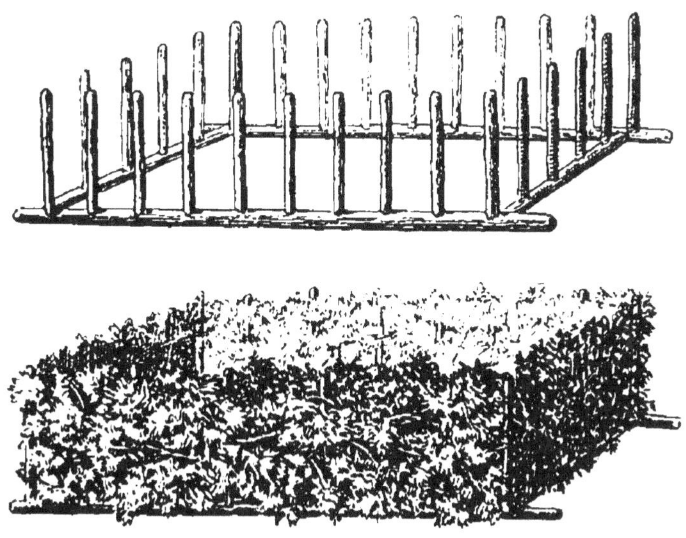

Fig. 16. — Panier en branchages pour renfermer les reproducteurs.

tranquille et de manière à ce qu'elle y plonge les trois quarts de sa hauteur. Au moment de la ponte on y introduit un mâle et deux femelles que l'on y tient enfermés à l'aide du couvercle; lorsque la ponte est terminée on en retire les poissons. Les œufs déposés sur les branchages peuvent être, soit retirés, soit laissés dans la caisse où se fait leur incubation; dans ce dernier cas, il est prudent de boucher les trous des parois avec une fine toile métallique afin d'empêcher l'introduction des insectes ou animaux carnassiers. Lorsque les alevins sont éclos et assez développés pour fuir le danger, on leur donne la liberté en ouvrant une des parois de la caisse.

Dans le bassin du Danube, on a simplifié cet appareil de la manière suivante : on construit en bois non dégrossi (fig. 16) une sorte de bâti ou de carcasse longue de 1ᵐ,80, large de 1 mètre et haute de 30 centimètres ; on la garnit d'un treillis en branches de sapin, pin ou genévrier, de manière à former une sorte de panier flottant non recouvert, on y introduit un mâle et deux femelles prêtes à pondre et on les enferme à l'aide d'une toile. Le tout est amarré dans un endroit tranquille et chaud. Elle sert au même usage que la boîte suédoise décrite plus haut.

<h2 style="text-align:center">II. — Multiplication artificielle des Carpes
et Tanches.</h2>

Nous avons vu qu'à l'état de nature une bien faible quantité des œufs pondus parvenait seule à l'éclosion. Aux diverses causes que nous avons énoncées il faut aussi ajouter la non-fécondation d'un grand nombre d'œufs qui n'ont pas été en contact avec la liqueur fécondante du mâle.

L'homme peut aussi intervenir et en pratiquant la fécondation artificielle assure une régulière répartition de la laitance, et en mettant ensuite les œufs en incubation. Ce sont là les procédés de la *Pisciculture artificielle*. D'une manière générale la *Pisciculture artificielle* consiste à prendre des poissons sur le point de frayer, à faire pondre la femelle en lui pressant légèrement sur le ventre, à arroser les œufs ainsi obtenus avec de la laitance du mâle, à placer ces œufs dans des appareils ou endroits spéciaux et, l'éclosion faite, soigner et nourrir les alevins jusqu'à leur mise en liberté.

Nous devons toutefois dire que par suite des énormes quantités d'œufs que pondent les poissons à *œufs collants*, les procédés de pisciculture artificielle ne sont guère usités, car malgré le déchet dû aux œufs non fécondés en employant une des frayères ci-dessus décrites, le résultat est fort satisfaisant. Une autre considération fait aussi rejeter pour ces poissons la fécondation artificielle. C'est la rapidité avec laquelle il faut pratiquer l'opération, car au bout de trois minutes pour la carpe, deux minutes pour la perche, huit minutes chez le brochet, la laitance du mâle a absolument perdu toutes ses propriétés fécondantes.

Fécondation des œufs de cyprins. — Quand on a pris une carpe en train de frayer et plusieurs mâles, on les met dans un baquet ; puis on procède à la fécondation de cette manière : dans un vase à moitié rempli d'une eau marquant au moins 20 degrés, on étend une poignée d'herbes aquatiques ; puis, prenant un mâle, on laitance l'eau d'abord. Pour que cette laitance se répande partout, on agite l'eau avec la queue du poisson ou avec l'un de vos doigts seulement. Cela fait, on prend une femelle, on lui presse légèrement le ventre, et ses œufs tombent sous la forme d'un jet de teinte verdâtre sur les herbes auxquelles ils s'attachent. Il faut les éparpiller et éviter de les entasser ; car de la fécondation bien faite dépend tout le succès. Quand votre poignée d'herbes est suffisamment chargée d'œufs, on reprend un mâle et on laitance de nouveau. — On laisse les œufs quelques minutes en contact avec l'eau laitancée, et, prenant un second vase, on recommence l'opération comme ci-dessus, jusqu'à ce qu'on ait épuisé les œufs de la femelle, qui peut donner de quoi garnir sept à huit poignées d'herbes. Si on a d'autres femelles, on retire les herbes chargées d'œufs et on peut recommencer l'opération dans la même eau déjà laitancée. Si on a habilement clairsemé les œufs, pas un n'échappera à la fécondation, et, par ce procédé artificiel, on peut féconder des millions d'œufs. M. R. Hesse a imaginé des appareils qui facilitent l'opération de la fécondation des œufs adhérents : ce sont de minces cadres en bois de 1 mètre de long et de 30 centimètres de large, sur lesquels on tend de la gaze ou de la mousseline, les œufs sont versés sur ces tamis sur lesquels ils adhèrent immédiatement. Ces cadres peuvent être garnis d'œufs sur chaque face et peuvent ainsi en recevoir une vingtaine de mille. Avant l'opération de la fécondation, on fait tremper ces cadres et l'étoffe qui les garnit dans de l'eau pendant une dizaine de jours, de manière à faire disparaître toute trace d'apprêt ou de matières colorantes, il faut, paraît-il, éviter absolument dans ce lavage l'emploi du savon.

Pour effectuer la fécondation, deux personnes sont nécessaires : l'opérateur et un aide.

Le premier tamis, qui a été, comme les autres,

nettoyé de nouveau, au moment même, avec beaucoup de soin, est posé sur un plateau à rebords peu élevés (fig. 17). Deux plateaux semblables sont nécessaires; ils doivent être un peu plus grands que les cadres, pour faciliter les manipulations, mais il est utile que les rebords n'aient pas plus de 4 à 5 centimètres de hauteur.

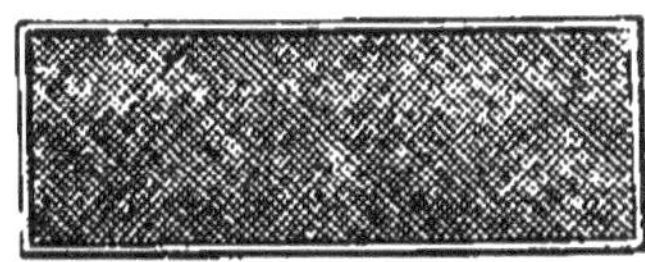

Fig. 17. — Cadre de l'appareil Rudolf Hesse.

Ces deux plateaux seront toujours minutieusement nettoyés. L'un sert à la récole des œufs, l'autre à leur fécondation.

Le premier plateau étant rempli d'eau à la même température que celle où l'incubation doit avoir lieu (soit de 22 à 27 degrés centigrades), on y place un tamis, sur lequel on répand des œufs, qu'on expulse du corps de la femelle en pressant sur le ventre du

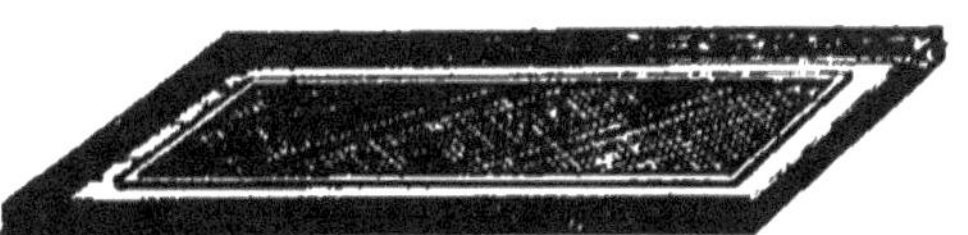

Fig. 18. — Cadre sur un des plateaux spéciaux.

poisson, et qu'on répartit en les faisant tomber le plus également possible. Aussitôt que les œufs adhèrent au tissu, on retourne le tamis, dont on recouvre également l'autre face d'une même couche d'œufs. Au bout de 10 ou 20 secondes, le tamis chargé d'œufs est mis dans le second plateau, contenant de l'eau sur 2 ou 3 centimètres d'épaisseur, et la laitance est aussitôt que possible versée sur les œufs. On pourrait aussi la recueillir dans le second plateau pendant qu'on dispose la seconde couche d'œufs; mais dans ce cas les deux opérations doivent se faire très rapidement, car la laitance perd très rapidement ses propriétés fécondantes. (Raveret-Wattel.)

Nous recommandons tout spécialement de choisir les reproducteurs avec soin . Chez les Cyprins, principalement, des œufs arrivés depuis trop longtemps en maturité se fécondent mal, la laitance trop avancée est sans effet même sur de bons œufs.

Récoltés trop tôt les œufs et la laitance donnent des résultats négatifs. Le succès, par la méthode artificielle, est bien plus beau que par la méthode naturelle, et voici pourquoi : lorsque la carpe fait sa ponte, elle se lance un peu hors de l'eau pour jeter ses œufs sur les herbes flottantes ; d'autres fois, elle s'élance à travers les herbes qui, exerçant une pression sur son ventre, facilitent peut-être la sortie de ses œufs. Or, il est incontestable que quantité d'œufs ne s'attachent point aux herbes et tombent au fond de l'eau non fécondés. C'est tellement vrai que, si vous examinez une frayère où une dizaine de carpes femelles ont fait leur ponte, on est étonné du petit nombre d'œufs qu'on y trouve.

Incubation des œufs de cyprins. — L'incubation des œufs collants étant très courte, on la fait généralement en pleine eau, dans l'étang ou la rivière qui doit recevoir les poissons à éclore.

Pour cela on met les herbes chargées d'œufs dans un des appareils simples que nous venons de décrire, boîte de Jacobi principalement, et on installe le tout dans une eau propice.

Si on a reçu les œufs sur des tamis garnis de gaze

du système Rudolf Hesse, on les place dans une boîte spéciale flottante qui est recouverte sur les côtés, le fond et le couvercle d'une toile au canevas à tissu assez lâche pour laisser facilement passage à l'eau tout en empêchant de s'enfuir les alevins nouvellement éclos (fig. 19).

Dès qu'un cadre est garni d'œufs, pendant qu'on en recouvre un second un aide va le placer dans la boîte d'éclosion qui doit être, autant que possible, installée dans l'endroit où se fera l'incubation.

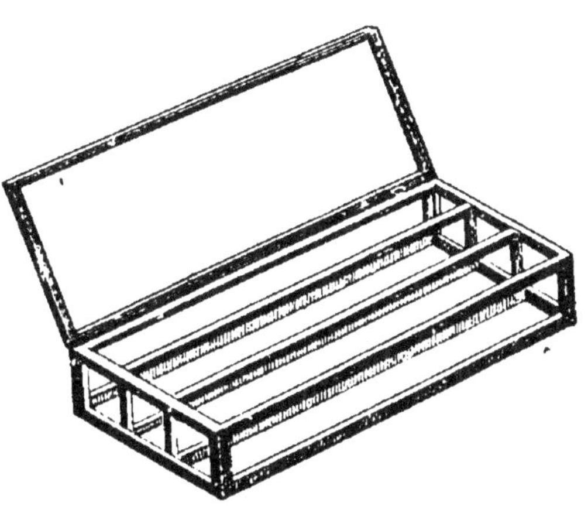

Fig. 19. — Appareil flottant Rudolf Hesse.

Quand les trois tamis garnis sont mis en place (chaque boîte en contient trois), on les assujettit avec soin dans la boîte, pour laquelle on a choisi un endroit de la rivière ou de l'étang où l'eau ne mesure pas plus de 30 à 35 centimètres de profondeur et ne présente qu'un courant à peine perceptible. Un mouvement de 2 à 3 centimètres par minute est le maximum de vitesse admissible pour le renouvellement de l'air et de l'eau; l'appareil peut même être placé dans une eau stagnante. On ne met sur la boîte le couvercle en toile que quand le soleil donne en plein et que la chaleur est trop intense : trop de soleil nuit au développement aussi bien qu'une trop grande obscurité.

La boîte est visitée chaque jour et l'on en retire les

œufs morts ou non fécondés à l'aide de pinces en fil de fer.

On peut garder dans la boîte les alevins quelque temps après l'éclosion, mais dès la résorption de la vésicule ombilicale il faut leur donner la liberté, à moins de leur donner une nourriture composée de cervelle de mouton délayée ; mais malgré cela il y règne une grande mortalité.

M. R. Hesse est très satisfait de sa méthode. Lors d'un premier essai, le manque d'habitude ou quelque manque de soins peuvent amener un insuccès, mais on arrive au bout de quelque temps à opérer avec certitude. Il faut, recommande-t-il, veiller à ce que le bord supérieur de la boîte dépasse toujours d'un bon centimètre hors de l'eau, à ce que les œufs morts ne séjournent pas dans la boîte, enfin que celle-ci ne touche pas le fond de l'eau et qu'elle en soit au moins à 15 ou 20 centimètres. Dans une eau peu profonde, on réduit en conséquence la hauteur de la boîte et la largeur des tamis (Raveret-Wattel).

Les œufs de carpe demandent durant l'incubation une température de 20 à 23 degrés, ceux de tanche 21 à 23.

Soins. — L'incubation de ces œufs ne durant que peu de temps ils demandent peu de soins, il faut surtout éviter l'exposition à l'air qui tue les germes en les desséchant et le refroidissement des eaux qui est funeste.

La lumière, qui exerce une action néfaste sur les œufs de salmonides, est utile et nécessaire pour les œufs adhérents, il faut toutefois éviter l'exposition directe aux rayons du soleil pendant les heures les plus chaudes de la journée. A ce moment on ombrage les appareils avec une toile.

Alevinage. — La dissémination de ces poissons peut être faite sans inconvénient aussitôt après leur naissance et on les élève rarement en stabulation.

Dans ce dernier cas on pourra se servir des mêmes bacs à élevage que pour les salmones, mais on devra les placer en pleine lumière, en plein soleil et dans une eau presque tiède.

Mais le meilleur bassin d'alevinage pour les cyprins consiste en une mare ou un trou entretenu par les eaux pluviales; les bords ne devront pas être à pic, mais bien à pente très douce et baignés par 2 ou 3 centimètres d'eau. On peut aussi y installer des flotteurs que les jeunes carpes affectionnent particulièrement; ce sont simplement des volets de bois léger de 1 mètre de long sur 50 centimètres de large que l'on charge suffisamment à leurs angles pour les faire plonger de 2 ou 3 centimètres. Ces volets se couvrent bientôt de vase et les carpillons éclos viennent s'ébattre au soleil sur ce fond improvisé.

Si l'on donnait aux jeunes alevins de carpes ou de tanches la nourriture délicate destinée aux jeunes truites, nous sommes certains qu'ils l'accepteraient volontiers et ne montreraient pas moins d'empressement à venir saisir les proies vivantes, daphnies, crevettes, etc., qu'on leur offrirait. Ils grossiront néanmoins sous un régime beaucoup moins recherché composé de pommes de terre cuites et bien écrasées, de son et de quelques miettes de pain.

Transport. — Le peu de durée d'incubation des œufs collants ne permet pas de transporter les œufs, mais par contre les alevins présentent une grande force de vitalité et on peut les expédier à une certaine distance en les plaçant dans un récipient rempli d'eau; une bonne précaution consiste en l'introduction dans les récipients de plantes aquatiques qui retardent la corruption de l'eau. On choisira de préférence les callitriches et les chara qui vivent longtemps sans racines et dégagent beaucoup d'oxygène. Lors de la réception des alevins, il y a quelques précautions à prendre pour leur mise à l'eau.

Il faut opérer par un temps sombre ou à la tombée de la nuit pour qu'une vive lumière n'effarouche pas les alevins à la sortie de l'obscurité des appareils de transport. Mais le plus important consiste à les habituer graduellement à la température de l'eau qui doit les recevoir; pour cela on plonge l'appareil dans cette eau et au bout d'un certain temps on remplit complètement, avec de l'eau que l'on puise dans le bassin, l'appareil de manière à ce qu'il déborde; les jeunes alevins en sortent de cette manière.

Le transport des carpes, tanches, est des plus faciles grâce à leur résistance, on peut les expédier à une certaine distance en les plaçant dans des corbeilles en osier garnies de mousse humide et recouvertes de la même matière, et pour éviter que leurs ouïes, en se collant, n'entraînent l'asphyxie, on y introduit deux petites tranches minces de pomme qui maintiennent l'organe respiratoire frais et laissent un libre passage à l'air. Ces poissons peuvent sup-

porter six à huit heures de voyage et même plus.
Pour de plus longues distances, on les place dans de
grands récipients qu'on aère par un moyen quelconque.

L'alcool possède, paraît-il, la propriété de rappeler à
la vie certains poissons déjà asphyxiés par un long
séjour hors de l'eau ; l'expérience de ce procédé a donné
d'excellents résultats sur les cyprins et sur les truites,
mais il est sans action sur le saumon. Un morceau de
pain ou d'éponge imprégné d'eau-de-vie placé dans la
bouche des carpes appelées à subir un transport de
longue durée leur permettrait par conséquent d'arriver vivantes à destination.

III. — Multiplication artificielle des Brochets.

Fécondation. — On procède à la fécondation des
œufs de brochets de la manière suivante : on prend
une cuvette que l'on remplit d'eau et d'herbes aquatiques ; on commence par répandre dans l'eau un peu
de laitance du mâle, puis, à l'aide d'une légère pression sur le ventre de la femelle, on fait sortir les
œufs sous forme d'un jet couleur d'ambre. Quand les
herbes sont suffisamment chargées d'œufs, on laitance de nouveau. Cette opération faite, on retire les
œufs, on met de nouvelles herbes et on recommence
l'opération. Tous les œufs ne s'attachent pas aux
herbes, quelques-uns, un grand nombre même, tombent au fond du vase quoique fécondés.

Incubation. — Les œufs une fois fécondés, on
remplit d'eau un grand baquet ou vase de terre dont

on recouvre le fond de terre argileuse ; si l'on se sert d'un baquet en bois, il faut qu'il ait trempé préalablement dans une eau courante au moins deux ou trois mois ; sans cette précaution une partie du tannin contenu dans le bois de chêne surtout se dissoudrait dans l'eau du baquet et ferait mourir tous les poissons au fur et à mesure de l'éclosion. Le baquet étant rempli d'eau, on y place les herbes chargées d'œufs et si on a eu soin de leur conserver leurs racines elles continuent à végéter dans le baquet et par leur végétation elles contribuent à assainir l'eau et à la maintenir pendant une quinzaine de jours, durée de l'incubation, dans un état de pureté parfaite. Quant aux œufs qui n'étaient pas restés collés aux herbes, on les éparpille sur la vase dont on a garni le fond du baquet. Le baquet est placé dans un endroit convenable et le soir on a le soin de l'abriter avec des paillassons de façon à ce que la température de l'eau ne varie guère, la nuit comme le jour, entre 8 et 10 degrés.

Nous voyons dans le *Bulletin* de la Société d'Acclimatation du 20 novembre 1893 que l'on a fait des essais d'incubation d'œufs de brochet dans des appareils à corégones [1], le résultat a été très satisfaisant au point que l'auteur de cette note a pu dire que « l'incubation des œufs de brochets dans l'appareil à corégone donne presque un meilleur résultat que celle des œufs de corégone. »

1. Voir la description de ces appareils plus loin, page 199.

IV. — Multiplication artificielle des Perches.

Fécondation. — Les œufs de la perche sont assez petits, mais ils sont agglomérés en un long chapelet par une matière mucilagineuse; ce chapelet, qui a jusqu'à 1ᵐ,50 de longueur, contient de 20 à 80 000 œufs. On reçoit sur ces herbes les œufs sortants du ventre de la femelle dans un bassin plein d'eau et garni de quelques plantes aquatiques, on les arrose avec quelques gouttes de laitance.

Incubation. — L'incubation des œufs de perche qui dure de 10 à 20 jours peut se faire dans un baquet quelconque où l'on met les herbes chargées d'œufs. Une température de 14 à 16 degrés est nécessaire.

CHAPITRE IV

EXPLOITATION DES ÉTANGS A CARPES

I. Culture simple. — II. Culture composée. — III. Castration
des Carpes.

I. — Culture simple.

Dans les étangs à fond vaseux et dont la températ019-
ture s'élève en été à **22** degrés environ, la carpe est
certainement le poisson le plus rémunérateur.

Avant l'empoissonnement on aura soin de débarrasser l'étang des brochets, des perches ou anguilles
qui pourraient s'y trouver. Au mois de mars on y
place les reproducteurs. On met 30 poissons reproducteurs par hectare de superficie, de manière à ce
qu'il y ait deux tiers de mâles et un tiers de femelles.
On choisit pour ces fonctions, nous dit M. Ganckler,
de belles carpes du poids de **2** à **3** kilos, à corps allongé,
au dos arqué.

Certains pisciculteurs mettent dans l'étang le même
nombre de mâles et de femelles. Si un trop grand
nombre de mâles peut fatiguer les femelles au point
de les empêcher de frayer, une quantité trop restreinte
causerait parmi les alevins une surabondance de

femelles; celles-ci étant moins recherchées, on a tout intérêt à favoriser la production des mâles. On reconnaît les femelles à leur anus convexe et renflé à l'extérieur tandis qu'il est concave chez le mâle. Cette particularité persiste même en dehors du temps de fraye.

On établira vers le bord de l'étang, dans un endroit peu profond, un lieu propice pour frayer, c'est-à-dire garni de touffes d'herbes ou de plantes aquatiques.

Ces plantes sont indispensables dans un étang à carpes et si elles n'y poussent pas naturellement, on s'appliquera à les y introduire d'une manière artificielle.

Un des moyens les plus usités consiste à en planter une certaine quantité dans une terrine ou dans un bassin quelconque garni de terre que l'on dépose au fond de l'étang; si l'on n'emploie pas ce procédé, on peut recourir aux frayères artificielles, fascines ou claies décrites plus haut.

De mai à août, lorsque la température atteint de 20 à 25 degrés au-dessus de zéro, la carpe fraye, et l'on constate ce fait par l'agitation qui règne dans l'étang; on voit alors les poissons se poursuivre les uns les autres, se rapprocher des bords et se frotter le ventre contre les plantes ou herbes aquatiques. L'intervention du pisciculteur est-elle nécessaire? Si les eaux de l'étang sont assez chaudes, s'il s'y trouve de petites anses peu profondes, où l'eau s'échauffe rapidement sous les rayons du soleil, il y a tout intérêt à laisser la nature faire son œuvre. Une carpe de 30 centimètres de long contient 130 000 œufs, une de

40 centimètres 250 000, une de 45 centimètres 330 000 (Gobin). En admettant qu'un quart [1] seulement arrive à l'éclosion, beaucoup n'ayant pas été fécondés, ou ayant été détruits par diverses causes, on obtient encore un nombre plus que suffisant d'alevins. (Les alevins de carpes s'appellent généralement feuilles.) Pendant les premières semaines de leur naissance, on donne un peu de nourriture à ces feuilles : pommes de terre cuites écrasées, gros son, brisure de riz, déchets de ménage ; mais au bout d'un certain temps, lorsqu'elles ont de 10 à 12 centimètres de long (Larbalétrier), on cesse cette alimentation ; elles devront trouver leur nourriture d'elles-mêmes dans l'étang si celui-ci a été bien aménagé.

Après le saumon Heusch, la carpe est de tous les poissons le plus grand producteur de chair. Les chiffres suivants peuvent donner une idée de la rapidité de son accroissement :

D'APRÈS M. HOLTZ		
Age.	Poids.	Multipl.
Un an.. ...	0 k. 008	} $\times$ 4
Deux ans...	0 032	
Trois ans...	0 500	$\times$ 15,6
Quatre ans.	1 000	}
Cinq ans...	2 000	} $\times$ 2
Huit ans...	9 000	}

D'APRÈS M. GUNCKLER		
Age.	Poids.	Multipl.
Un an......	0 k. 12	} $\times$ 12
Deux ans...	0 145	
Trois ans...	0 500	$\times$ 3,43
Quatre ans.	0 750	$\times$ 1,50

Ces deux auteurs ne s'accordent pas, cela provient d'une différence de la valeur des étangs et de la nourriture pendant l'alvinage.

1. Ce chiffre d'un quart peut être largement adopté si l'on a établi des frayères convenables ; à l'état absolu de nature, il est bien loin d'être obtenu.

M. Puvis, qui s'est beaucoup occupé de l'élevage de la carpe dans la Bresse, déclare que dans un étang de bonne qualité la carpe en deux ans augmente de la proportion de 1 à 16, c'est-à-dire qu'une carpe de 60 grammes arrive à 1 kilogramme.

La ponte de la carpe est plus qu'abondante, ainsi que nous l'avons vu, et en admettant qu'un quart seulement arrive à l'éclosion, les vingt femelles mises par hectare donnent un chiffre fabuleux d'alevins, mais parmi ceux-ci il y a des pertes sensibles : 30 pour 100 pour la toute jeune feuille, 20 pour 100 pour l'alevin de la première année, 15 pour 100 sur ceux de la deuxième année; la troisième année la mortalité n'est plus que de 6 pour 100 sur le nombre primitif des alevins éclos. (D'après Koltz.)

C'est cette troisième année qu'il est le plus avantageux de pêcher l'étang. D'après les chiffres que nous avons donnés, on voit qu'ensuite l'accroissement est beaucoup plus lent. Dans tous les cas, il n'y a pas profit à élever des carpes au delà de cinq à six ans, période pendant laquelle leur chair est la plus recherchée.

Pour exécuter cette pêche on vide l'étang, et l'on prend dans la poêle tous les poissons qui ont atteint la grosseur et l'âge voulu, en conservant soigneusement les alevins et les poissons plus jeunes.

Toutefois cette vente en bloc déprécie les cours et le poisson vendu en si grandes quantités à la fois n'atteint pas un prix rémunérateur, il vaut mieux se livrer journellement à la pêche à l'aide de filets; les carpes pêchées ainsi sont soit remises à l'eau si elles n'ont pas la taille exigée, ou placées dans un bassin spécial d'où on les retire pour les expédier sur les marchés aux moments les plus avantageux.

Dans ce mode d'exploitation la carpe se nourrit d'elle-même sur le fond de l'étang; son alimentation se compose d'herbes ou plantes aquatiques, insectes d'eau, mollusques et déjections des animaux domestiques qui viennent boire dans l'étang. En effet, le fumier de tous les amimaux domestiques est une excellente nourriture pour les cyprins. M. Gauckler assure que le fumier de six porcs à l'engrais peut nourrir 300 kilos de carpe pendant trois à quatre mois.

Il est évident que si par un moyen artificiel on procurait aux carpes une nourriture plus abondante, leur croissance serait plus rapide et leur nombre augmenterait sensiblement, car il est certain que beaucoup d'alevins disparaissent par suite du manque de nourriture.

M. Lamy veut qu'un homme soit exclusivement occupé à rechercher ou fournir la nourriture destinée aux carpes qui peuplent un étang de 4 hectares, grains bouillis, pommes de terre cuites et écrasées, vers, limaces, frai de grenouille, mauvais fruits râpés, mûres sauvages, salades hachées.

Nous ajouterons aussi que dans ce mode d'exploitation l'étang n'est jamais mis en *assec*, c'est-à-dire livré, privé d'eau, pendant un certain temps, à la culture ordinaire.

II. — Culture composée.

« Pour l'élevage des carpes, nous dit M. Gobin, comme dans la plupart des industries bien conduites, on doit appliquer la division du travail; de même que pour le gros et menu bétail, les uns font naître, les autres élèvent et quelques-uns engraissent. » Nous compléterons cette comparaison de la culture de la carpe à l'élevage du bétail de nos fermes en ajoutant que, de même que l'on change le troupeau de pâturage lorsque celui-ci est épuisé, de même on transvase le poisson dans un nouvel étang lorsqu'il a absorbé la nourriture que le premier pouvait lui fournir.

Nous distinguerons quatre temps dans la méthode employée couramment aujourd'hui :

1° Production de l'alevin dans les étangs à multiplication, à feuille, à pose ou *forcières*;

2° Élevage de cet alevin dans des étangs à nourrain ou à empoissonnage jusqu'au moment où il est mis dans le bassin d'élevage proprement dit;

3° Élevage du poisson dans le bassin d'élevage ou l'étang jusqu'au moment où il a acquis une taille marchande;

4° Engraissement.

Le type de cette exploitation est pratiqué dans l'Ain, dans la région des Dombes et nous allons en résumer les principales lignes.

Quoique la production de la carpe soit le but principal de cet élevage, on joint à ce poisson une certaine quantité de tanches et de brochets.

Dans tous les étangs à carpes les exploitants sont unanimes à reconnaître que la présence du brochet est indispensable, mais il ne doit être mis que proportionnellement au nombre des autres poissons.

Le brochet débarrasse l'étang des petits poissons qui nuisent à la croissance et à la nutrition des autres, on aurait sans lui une fourmilière de jeunes carpes qui dévoreraient la presque totalité de la nourriture; il empêche aussi les grosses carpes de reproduire et dévore les œufs qu'elles ont pu déposer.

C'est là un avantage indiscutable que n'ont pas compris les auteurs qui ont déclaré que c'était agir à peu près comme celui qui, dans sa bergerie d'engraissement, enfermerait un loup afin de conserver ses brebis en bonne santé.

Les tanches concourent, avec les carpes, au produit de l'étang. Toutefois ce dernier poisson a pour vivre et prospérer besoin d'une plus grande superficie d'eau que la carpe et une trop grande quantité épuiserait rapidement l'étang.

Production de l'alevin dans les étangs à multiplication, à feuilles ou forcières. — Pour produire les alevins on choisit un étang de petites dimensions : sa profondeur doit varier entre 30 centimètres et 1 mètre, le fond en devra être mou, vaseux, les bords devront être garnis d'herbes ou de plantes aquatiques, il devra en outre être facilement vidé et mis à sec. Il faudra choisir une exposition abritée du vent, aucune communication ne devra exister entre cet étang et les autres pour éviter l'introduction des brochets, car ces poissons sont capables de faire des sauts verticaux de plus d'un mètre pour atteindre un bassin où ils pensent trouver des proies faciles.

On mettra dans cet étang 30 reproducteurs à l'hectare, choisis comme nous l'avons dit et les sexes proportionnés de même. En Bresse, on choisit comme reproducteurs des carpes de 8 à 11 centimètres de long appelées *carnauciers* et on ajoute en tanches un quart du nombre de carpes; quoique les propriétaires des étangs prétendent qu'elles remplissent parfaitement le but proposé, nous ne saurions trop recommander l'emploi de belles carpes de 1 à 2 kilos.

On laisse au préalable généralement l'étang à sec pendant une année, on est sûr de détruire ainsi les alevins de poissons carnassiers et les insectes aquatiques qui pourraient détruire les œufs. La ponte a lieu de fin mai à août, à trois époques différentes et à quinze jours d'intervalle environ; on a soin pendant sa durée d'écarter les bestiaux qui, venant boire, effraieraient le poisson et nuieraient à la ponte. Quelques jours après naît une multitude de jeunes carpes qu'on laisse dans l'étang jusqu'au moment de la pêche qui a lieu une année après.

Suivant l'époque de leurs naissances, les alevins sont plus ou moins gros. Ceux éclos des œufs premiers pondus sont connus sous le nom de *petits-penards* et ont 10 à 12 centimètres de long, les autres, *clou poings*, ont 5 à 8 centimètres, enfin les derniers, *seillées* ou feuille de saule, ont 3 à 5 centimètres. Il y a des alevins de tanches appelés *aiguillons*. Ce sont les procédés et les dénominations employés en Bresse, mais il serait plus avantageux de n'avoir que des alevins de même taille et de même âge par conséquent. Nous conseillons d'opérer comme suit :

Au commencement du mois de mai, on prépare un petit bassin ou petite mare de $\frac{1}{16}$ ou $\frac{1}{20}$ d'hectare; toutes plantes aquatiques ayant été supprimées et n'interceptant pas les rayons du soleil, l'eau s'y échauffe rapidement. On met dans cet enclos une soixantaine de carpes, un tiers de femelles et deux tiers de mâles; lorsque, par un temps chaud, les carpes commencent à se rapprocher des bords, on y fixe des rameaux de sureau, des racines de saule, du chiendent, des claies garnies de sapins ou de genévriers. Quelques jours plus tard les carpes commencent à frayer. Les racines de saules, les branches de sureau, les claies sont si chargées d'œufs, qu'on peut les estimer à plusieurs millions. Le même jour, on s'empare des carpes, et on les déverse dans un autre étang, afin d'éviter qu'elles n'aient l'occasion de manger leurs feuilles.

Quelques jours après les carpillons se mettent à éclore.

On ne les laisse dans cet étang que six à sept jours, puis on les déverse dans un autre plus spacieux; cette manière d'opérer a plusieurs avantages [1] :

1° Il ne peut y avoir d'encombrement;

2° On peut se rendre compte approximativement du nombre d'alevins qu'il est possible d'obtenir;

3° Tous les carpillons ont le même âge.

---

[1] Pour cela on vide le petit étang en faisant écouler à travers une toile métallique en fils de laiton (6 fils par centimètre), puis on recueille les alevins avec un filet de gaze.

Les étangs qu'ils peuplent ensuite ne devront pas recevoir plus de 4 à 5 000 alevins par hectare; ils devront aussi être peu profonds. Il est très bon de les mettre à sec pendant l'hiver, depuis le mois d'octobre jusqu'au milieu de mars, pour faire geler les grenouilles, les sangsues et autres animaux nuisibles aux poissons et pour qu'il se produise aussi sur le fond de nouveaux germes de nourriture.

Élevage de l'alevin dans les étangs à nourrain ou à empoissonnage. — Les alevins obtenus par un des procédés ci-dessus seront entreposés dans les étangs à nourrain ou d'empoissonnage jusqu'au jour où on les met dans l'étang d'élevage proprement dit; ce sont des étangs de moyenne grandeur, plus profonds que les forcières et ayant jusqu'à 2^m, 50 à la poêle. On y met, suivant la valeur des fonds, de 400 à 600 alevins, on y met aussi 15 à 20 kilogrammes de tanches par millier de feuilles de carpes. L'empoissonnage sera d'autant plus beau à la pêche, qu'on y aura mis moins d'alevins d'août (seillée) et plus d'alevins de mai (petit pénard). Pour empêcher les feuilles de s'épuiser à la fraye ou _pose_, comme on dit dans les Dombes, on y joint au mois de mai 16 à 20 brochetons, de la grosseur du doigt (_filets_ ou _filatons_) par millier de feuilles : on a par ce moyen, au bout de l'année, des brochets, de 1 à 2 kilogrammes, très gras et très délicats: de plus l'empoissonnage est en meilleur état et a grossi davantage.

Au bout de l'année en pêchant l'étang à nourrain, on trouve à la pêche trois sortes d'alevins de carpe : les uns, au-dessus de 12 centimètres entre tête et queue, produits par la ponte du mois de mai de l'année précédente, fournissent l'empoissonnage pour les étangs pêchés à un an; la ponte du mois d'août donne l'empoissonnage des étangs pêchés à deux ans ayant une longueur de 8 à 12 centimètres entre tête et queue. Les poissons au-dessous prennent le nom de *carnauciers*, et sont employés à la reproduction ou à nourrir les brochets.

Étangs d'élevage. — Au sortir de l'étang de nourrain l'alevin est versé dans l'étang d'élevage. Ces étangs s'exploitent de différentes manières, par deux, trois ou quatre ans d'eau, c'est-à-dire que l'on pêche l'étang un, deux, trois ou quatre ans après l'empoissonnage.

Dans le département de l'Ain, on exploite la plupart du temps à un an d'eau (pêche réglée à un an, pêche à un an) ou à deux ans d'eau (pêche réglée à deux ans, pêche à deux ans), ou bien l'on emploie un système mixte connu sous le nom de pêche folle.

Pêche à un an. — Dans cette pêche, ou mode d'exploitation, il est nécessaire d'empoissonner avant l'hiver; les alevins, retirés d'étangs à nourrain où ils étaient très nombreux et se nuisaient réciproquement, gagnent à être mis au large et à trouver une nourriture copieuse. On empoissonne avec des alevins provenant de la fraye de mai, ayant 12 à 15 centimètres entre tête et queue, pesant 100 à 150 grammes, au nombre de 160 têtes par hectare dans les bons fonds, 115 dans les médiocres et 80 dans les mauvais. On y met aussi 8 à 10 kilogrammes de tanches par millier d'alevins de carpe, on ajoute aussi à chaque millier

10 brochets d'à peu près 100 grammes pièce; les brochets ne se mettent dans l'étang que lorsque le moment de leur fraye est passé, c'est-à-dire après avril.

L'étang exploité à un an donne des carpes de 500 grammes environ.

Le principal avantage de la pêche à un an est de faire revenir la récolte de céréales qu'on y pratique (l'étang étant mis à sec et cultivé dès la prise du poisson) tous les deux ans au lieu de trois.

Pêche à deux ans. — L'empoissonnage se fait avec des feuilles ou alevins de carpes de 8 à 12 millimètres provenant de la ponte d'août. La quantité d'empoissonnage varie suivant la qualité du sol recouvert par les eaux; on met dans les meilleurs 240 carpillons, 160 dans les médiocres, 130 dans les mauvais. On met par 100 carpillons 8 à 10 kilogrammes de tanches et 10 brochets de 500 grammes. On ne met généralement les brochets qu'au bout de la première année, et si les carpes ou tanches ont donné naissance à un grand nombre d'alevins on peut porter leur nombre à 30 têtes par 100 de carpes.

« Les quantités relatives des trois espèces de poissons se modifient aussi suivant la nature du fond. Dans les sols légers non vaseux auxquels on donne le nom d'étangs blancs, la carpe et le brochet réussissent bien. On peut augmenter la quantité de ce dernier en réduisant celle des tanches. Il arrive souvent que les tanches produisent à la pêche à peine ce qu'elles ont coûté d'empoissonnage parce qu'elles ont peu profité et qu'elles n'ont pu se mettre dans la bourbe à l'abri de la voracité du brochet. Dans les étangs vaseux, au contraire, dont le sol est compact, elle arrive souvent au produit de 10 pour 1 ; elle doit donc y être mise en plus grande quantité. » (Puvis.)

Ce mode d'exploitation donne des carpes de quatre ans, du poids de 750 grammes environ dans les étangs de médiocre qualité, de plus elle fournit une assez grande quantité de brochets.

Pêche folle. — C'est un mode d'exploitation mixte, on l'appelle sans doute ainsi, parce que son produit, plus éventuel que celui des précédents, est quelquefois modique et souvent au contraire très avantageux. Dans la pêche folle, l'intention du propriétaire est d'avoir des carpes, brochets et alevins d'empoissonnage de toute qualité.

La première année on ne met que la moitié de l'empoissonnage pour la pêche à deux ans, les deux tiers de mâles et un tiers de femelles. On met 4 à 5 tanches de deux ans en bon état et point de brochets.

Ces poissons donnent de mai à août des pontes abondantes qui prennent une rapide croissance en raison du petit nombre des habitants. Au printemps suivant on s'assure au moyen de l'épervier de l'état de ces alevins et suivant leur grosseur on met des brochets au nombre de 15 à 30 et même 40 si l'étang contient beaucoup d'alevins, mais on se garde de les mettre assez gros pour manger les alevins nés en mai qui, vendus pour l'empoissonnage, augmentent le produit de l'étang, et que l'on vend sous le nom de *panneaux.*

« Le produit de cette pêche est faible lorsque la

fraye de la première année n'a pas été abondante; alors on n'y trouve que de la carpe et du brochet, pas de panneaux. Il est faible encore lorsque les brochets n'ont pas été suffisants ou qu'il s'en est beaucoup perdu. On y voit alors un grand nombre de poissons, mais la carpe et la tanche affamées par la quantité d'empoissonnage sont maigres et petits, les empoissonnages ont peu de valeur et les brochets qui restent sont trop peu nombreux pour indemniser de la perte. » (Puvis.)

Après chaque pêche l'étang est vidé et on y cultive pendant une année des céréales, de l'avoine généralement.

Produits. — Les étangs ainsi exploités produisent en Bresse, d'après M. Puvis, la somme de 40 à 45 francs par hectare en tenant compte des produits de la culture en *assec* et du chômage de la onzième année. Ce revenu varie évidemment avec la qualité du fond de l'étang, celle-ci ayant une grande influence sur le résultat de l'exploitation.

Ces chiffres sont anciens et, d'après M. de Monicault, on peut évaluer le rapport des étangs à 70 francs au moins par hectare, prix de leur location.

Nous avons comparé l'exploitation de la carpe à l'élevage des bestiaux que l'on fait changer de pâturage lorsque celui-ci est épuisé.

Le docteur Lamy établit comme suit les bénéfices produits par un étang de 4 hectares exploité par la culture simple dans lequel on verse annuellement 12 000 alevins de carpe produits dans un petit bassin à part. Au bout de trois ou quatre ans on commence la pêche et l'on peut prendre annuellement, dit-il, 6 000 carpes de 1 kilo sur les 12 000 versées (les six autres mille ayant péri), qui, vendues à 1 franc le kilo, donnent un produit de 6 000 francs.

En ajoutant 2 à 3 000 anguilles, on peut au bout de trois ou quatre ans en pêcher 1 000 de 1 kilo qui, à 1 fr. 50 le kilo, produisent 1 500 francs.

A ces chiffres il faut retrancher les frais suivants :

Traitement d'un homme pisciculteur....	600 francs.
Achat et entretien de filets.............	100 —
Achat de carpes pour l'ensemencement..	50 —
Nourriture.................................	300 —
Total....................	1 050 francs.

Ainsi conclut, cet auteur, avec une dépense de 1 000 francs environ, on obtient un produit de 6 000 francs (et même plus si l'on cultive l'anguille). Vous criez à l'exagération ; essayez et l'expérience vous convaincra.

Nous craignons toutefois qu'il y ait un peu d'exagération dans les chiffres du docteur Lamy, et que la mortalité ne soit plus grande qu'il ne l'indique, comme du reste nous l'avons établi plus haut ; il ne reste pas moins évident qu'on peut retirer un joli bénéfice de cette culture.

Système Dubisch. — C'est d'une manière analogue que M. Dubisch, le régisseur des propriétés de l'archiduc Albert d'Autriche en Silésie, trouve le moyen de faire produire aux étangs qu'il administre des carpes dont, en une saison, le poids dépasse celui des cyprins obtenus en deux ans par les vieux systèmes.

M. Dubisch a besoin d'étangs de deux sortes, les uns, étangs d'été peu profonds, les autres d'hiver offrant une assez grande profondeur pour abriter les carpes, que l'on y met en forte quantité, des froids et des effets funestes du gel. Les premiers sont à fond plat, facilement mis à sec, pour pouvoir être fumés et cultivés afin d'offrir plus tard une abondante nourriture à leurs futurs habitants : débris d'animaux et de végétaux qui leur conviennent parfaitement.

Voici la manière d'opérer dans ce système, fort prôné et très répandu en Autriche-Hongrie et dans l'Allemagne centrale, ainsi que l'a exposé à la Société d'agriculture M. Le Play.

Vers la fin d'avril et lorsque les eaux ont une température de 16 degrés au-dessus de zéro, on place dans un bassin de un dixième d'hectare une femelle et deux mâles. La fraye faite, ce qui ne tarde guère, on retire les reproducteurs, et quelques jours après, plus de 100 000 alevins éclosent ; ils ont rapidement épuisé toute la nourriture qui se trouvait dans cet étroit espace, et on les retire pour les déverser à raison de 33 000 par hectare dans des étangs à fond plat qui ont été cultivés pendant l'hiver et le printemps ; les carpillons y grossissent rapidement et en un mois atteignent une longueur de quelques centimètres avec une perte de 25 pour 100. Mais au bout du mois ils ont dévoré toute la nourriture que contenaient les étangs et on les transvase à nouveau dans d'autres étangs à fond plat à raison de 1 050 par hectare, où ils demeurent jusqu'à l'automne, leur accroissement y est fort rapide et, quoique leur nombre se trouve réduit à 71 000, leur poids total s'élève à 8 ou 9 000 kilos. Il leur a fallu jusqu'à ce moment 75 hectares d'étang.

Laissons M. Le Play nous expliquer les avantages de ce système.

« Avec l'ancien système, 75 hectares d'étangs consacrés à la reproduction de feuille auraient produit 1 000 à 1 500 sujets dont le cent pèserait de 500 grammes à 1^{kg}, 200, soit 5 à 19 kilogrammes à l'hectare, soit 1 500 kilogrammes pour la surface des 75 hectares, qui nous ont produit 8 000 à 9 000 kilogrammes.

« Ces résultats paraissent étonnants, mais le système Dubisch est aujourd'hui assez répandu pour qu'on ne puisse plus les nier.

« A l'automne, on transporte les carpes dans les bassins d'hiver et les étangs sont mis à sec et cultivés jusqu'à l'année suivante.

« Pour le deuxième été, les résultats sont moins étonnants et se rapprochent plus de ceux qu'on obtenait avec les anciennes méthodes; mais, en pratiquant l'assèchement et la culture du fond de l'étang, on obtient des résultats très supérieurs.

« Comme le produit s'abaisse à mesure que la carpe grossit, il y a avantage à vendre la carpe à deux ans; elle pèserait alors une ou deux livres.

« En résumé, l'élevage des produits d'une mère carpe, poussé jusqu'à la fin du deuxième été, s'élève à 68 000 sujets, qui exigent 211 hectares d'étangs et produisent 43 000 kilogrammes de poisson. En estimant ce poisson à 1 franc, on a un produit brut de 43 000 francs, soit plus de 200 francs par hectare. »

Nous n'oserons formuler aucune conclusion à cet intéressant rapport qui a été la cause d'un véritable engouement pour le système Dubisch. Nous ferons simplement remarquer avec M. Gobin que les nombreuses manipulations et les fréquents transports du poisson doivent bien le fatiguer et ne sont pas sans occasionner quelques dépenses.

En France, le prix de la carpe est très minime, 80 centimes ou 1 franc généralement et rarement 1 fr. 20, tandis qu'il n'est pas rare qu'il atteigne en Allemagne 2 fr. 20.

Avec une vente dans des conditions si peu rémunératrices, trouverait-on de quoi faire face à ces multiples manipulations? Les frais seraient-ils couverts par l'excédent de production?

Du reste, comme le fait judicieusement ressortir M. de Cherville, « l'application rigoureuse du système Dubisch exigeant un nombre d'eaux fermées assez considérables, sera probablement assez difficile en France où nous avons fort peu de propriétaires possédant comme le prince Schwarzenberg en Bohème 167 étangs couvrant 5864 hectares ».

Considérations générales. — Mais de cette méthode dont nous sommes loin de méconnaître la valeur nous pouvons retirer un enseignement utile sur la nécessité de distributions rationnelles de nourriture.

« Il y a déjà longtemps, nous disait le regretté d'Audeville, en parlant du système Dubisch, que nous avons exprimé notre regret de voir l'élevage de la carpe aussi négligé. Nous sommes sur ce point à peu près aussi avancés que les sauvages qui abandonnent leurs troupeaux à eux-mêmes dans de vastes prairies avec lesquelles en France nous pourrions nourrir dix fois plus d'animaux. Pourquoi ne ferait-on pas pour le poisson, surtout pour les carpes, si faciles à nourrir et qui exigent si peu de soins, ce qu'on a fait pour les bœufs et les moutons : ne nous contentons pas de laisser des poissons trop rares ou trop nombreux croître au hasard dans un étang où tantôt la nourriture surabonde et tantôt fait défaut ; rendons-nous compte des conditions de leur existence, calculons la *capacité animale* de nos étendues d'eau, suppléons à l'occasion au manque d'aliments : en un mot appliquons les procédés méthodiques depuis longtemps en usage pour les soins que l'on accorde à tous les autres animaux. »

Dans la pratique ordinaire le poisson vit exclusivement sur la nourriture que produit le fond ; lorsque le poisson est pêché on cultive le sol de l'étang non seulement dans le but de faire disparaître les œufs de brochets, de poissons blancs qui tendent à pulluler, mais aussi pour remuer le sol, l'aérer, l'enrichir de détritus végétaux et animaux. Ce qui a fait dire à un auteur « qu'un bon assec et deux ans de bonne eau valent trois ans ». (Chabot-Karlen.)

Cette pratique est-elle recommandable? Les propriétaires d'étangs qui l'appliquent prétendent que le sol qui vient de rester sous l'eau produit des récoltes très abondantes; et lorsqu'on remet l'étang en eau, il offre aux poissons une abondante nourriture en insectes dont la culture a provoqué l'éclosion; le produit de cette culture vient aussi s'ajouter au rendement de l'étang. A notre avis, le rendement de cette récolte ne doit pas être bien élevé, le labourage en est difficile, il conserve beaucoup de graines de plantes d'eau, qui germent et nuisent à la récolte nouvelle; les joncs, les carex continuent à végéter de sorte que le produit de ces champs est assez médiocre. Lorsqu'on les remet en eau après une année ou deux de culture, les poissons trouvent, il est vrai, une assez grande quantité de graines et d'insectes, « mais ces insectes et ces graines étant essentiellement terrestres meurent rapidement et en tout cas ne se reproduisent pas ». (De Lamarche.) Le poisson a bien vite épuisé la nourriture abondante qu'il avait trouvée les premiers jours, il doit attendre longtemps qu'une nouvelle population d'insectes et de crustacés vienne habiter et se multiplier dans l'étang. Nourriture excellente qui serait multipliée en de fortes proportions, si l'on avait laissé l'eau, après l'enlèvement des poissons. Il faut, dit-on, laisser se reposer l'étang, mais nous croyons qu'il est plus avantageux de le laisser se reposer rempli d'eau, que de le mettre en insectes, et d'y tenter une culture peu productrice.

Ceci n'est pas toujours faisable, car dans les pays d'étangs, les Dombes principalement, on voit très souvent le propriétaire du fond (assec) distinct du propriétaire de l'eau (évolage); mais lorsque la chose est possible, on a intérêt à laisser les étangs toujours en eau. Un très habile agriculteur de ces contrées, M. de Monicault, a adopté cette méthode :

« Voici les raisons, nous dit-il, qui m'ont déterminé d'agir ainsi :

« Mes étangs, ceux que j'ai conservés, sont dans de bons fonds et reçoivent de bonnes eaux, les eaux de mes terres, qui s'améliorent chaque jour avec le progrès de la culture.

« Les poissons n'épuisant pas le sol comme le fait la culture intercalaire habituelle, mon terrain s'enrichit, mes pêches s'améliorent, le résultat n'est pas contestable et il est particulièrement remarquable dans un étang, le moins bon de tous.

« Dans la contrée on sait bien d'ailleurs tout le tort que fait à une pêche la culture d'une céréale. Il va de soi que, dans la situation actuelle, la culture habituelle de nos étangs ne peut comporter aucun apport d'engrais. »

M. de Monicault est surtout sorti de l'ornière habituelle, en portant tous ses soins à ce qui peut concourir à l'alimentation des carpes, l'emploi des tourteaux lui a donné des résultats très avantageux. Il n'est pas très difficile, ni dispendieux de trouver une nourriture pour la carpe. En Allemagne, où la culture des eaux préoccupe à bon droit, on nourrit avec soin les carpes. Comme pour tous les animaux, la nourriture doit toujours leur être distribuée en un même point du réservoir, qu'on choisit planté de quelques joncs, ou à fond tapissé d'herbes, les poissons fréquentant surtout ces endroits. L'emplacement ne se trouvera pas trop près du bord, afin que les maraudeurs ne puissent voler les carpes qui s'y rassemblent ; l'eau y aura 60 centimètres environ de profondeur.

Les carpes sont seulement nourries du milieu d'avril à la fin de septembre, et deux fois par semaine.

L'importance des rations bi-hebdomadaires dépend de la nature du fond de l'étang, qui leur fournit un supplément plus ou moins abondant de nourriture. Elles seront plus fortes quand le fond est de sable, par exemple, que s'il est d'argile grasse. En observant, du reste, pendant les premiers jours du régime si les aliments sont immédiatement consommés ou si une partie en est abandonnée au fond de l'étang, on règle facilement l'importance des distributions. Le lupin, les pommes de terre, le maïs, tenus en haute estime par les carpes, et les châtaignes, sont indifféremment recommandés, après avoir été cuits à l'eau, ainsi que les pois gonflés par un séjour de deux heures dans l'eau froide, les drèches de brasserie, et le son; le choix à faire entre ces matières dépendant uniquement de la plus ou moins grande abondance de l'une ou de l'autre dans la région, abondance qui permet de l'obtenir à bas prix.

Le lupin contient un principe amer dont on le débarrasse en lui laissant passer la nuit dans l'eau, avant de le faire cuire dans une eau nouvelle, mais les carpes mangent également des graines cuites sans avoir subi ce traitement préalable. Les pommes de terre sont écrasées après leur cuisson, mais non réduites en bouillie. Les châtaignes, cuites, sont broyées dans un concasseur à tourteaux; les carpes qu'on en nourrit deviennent surtout grasses et lourdes. Les drèches et le son, préalablement humectés, sont déposés avec quelques précautions à la surface de l'étang, afin d'empêcher leur dispersion.

On peut leur donner aussi du fumier de cheval,

de mouton, de porc, végétaux de toute sorte, des racines, betteraves, pommes de terre, rutabagas crus et coupés en petits morceaux, ou mieux encore cuits, du son, des tourteaux, des mauvais grains bouillis, chrysalides de vers à soie, etc.

M. Éloire, vétérinaire breton, a indiqué comme nourriture économique des carpes et du poisson en général les radicules qui proviennent du maltage de l'orge de brasserie. « Par leur ténuité, leur forme, leur valeur nutritive, leur odeur agréable, la facilité de se les procurer dans les contrées où l'on fabrique la bière, les radicules rappelant par leurs formes de petits vermisseaux m'ont paru un aliment tout indiqué, très économique même, à jeter en pâture à toutes les jeunes générations de nos étangs et de nos bassins d'élevage. »

Les brisures de riz sont très recommandables tout en étant très économiques.

Nourries avec abondance les carpes ont un développement excessivement rapide ; dans des expériences faites en Amérique, elles ont atteint pendant la première saison le poids de 1 à 2 livres et à la fin du deuxième été elles pesaient de 4 à 5 livres.

« La rapidité du développement des carpes, écrit M. Brookely, lorsqu'elles sont abondamment nourries tient du prodige ; je ne connais pas d'animal, bête, oiseau ou poisson, qui pousse aussi vite surtout durant sa première et deuxième année ; ce qui prouve que la nourriture artificielle est le remède contre une croissance trop lente et qu'il faut augmenter largement la nourriture de ces poissons. »

Dans les étangs trop froids pour la carpe ordinaire on peut élever avec succès la carpe carassin, qui offre une plus grande rusticité, mais dont la taille ne dépasse pas 30 à 35 centimètres.

Étangs ou viviers pour l'engraissement. — L'engraissement est le dernier temps de l'élevage de la carpe; on n'y soumet pas tous les sujets qui sont vendus en général à trois ou quatre ans, mais on conserve quelques belles pièces que l'on place dans des étangs ou viviers spéciaux. L'accroissement du prix du kilogramme, dans les carpes engraissées et celles qui ne le sont pas, varie du simple au double. Ainsi une carpe de $1^{kg},500$ se vendra à raison de 1 franc le kilo, tandis que celle de 5 kilos vaudra 2 francs. Pour les poissons aussi bien que pour les volailles, les fruits, tout ce qui est extra, au-dessus de l'ordinaire, acquiert une plus grande valeur, les sujets exceptionnels qui peuvent être considérés comme denrées de luxe surpassent toujours de beaucoup le prix des sujets moyens.

Les viviers étaient connus des anciens, il nous suffit de rappeler les fameux étangs où Lucullus engraissait des murènes; les Chinois pratiquent couramment l'engraissement des poissons, et c'est un tort que cette industrie ne soit pas plus répandue chez nous, car la marge entre les prix que nous venons d'indiquer est assez considérable pour laisser un bénéfice.

Les réservoirs doivent être placés dans des lieux aérés et exposés au soleil; on évitera une trop grande quantité d'arbres sur les bords, car leurs feuilles en tombant occasionneraient de la vase qui nuirait au poisson. Sa profondeur devra être telle que le poisson n'ait rien à craindre des fortes gelées et du séjour dans la glace.

On y maintiendra un courant constant, car une eau croupissante donnerait mauvais goût au poisson.

L'engraissement ne se pratique que sur des sujets adultes, c'est une règle constante en zootechnie, aussi le vivier sera-t-il peuplé exclusivement des carpes ayant plus de trois ans. L'âge de trois ou quatrs ans est le préférable, car passé cinq ans ce poisson ne prospère pas aussi vite et ne profite pas autant de la nourriture qu'on lui donne.

Cette nourriture sera celle que nous venons d'indiquer, à laquelle on pourra ajouter les eaux grasses de la cuisine, les balayures de la maison, les restes de la table; dans les Dombes on leur donne des grains pétris avec de l'argile en forme de boulettes avec ou sans adjonction de farine d'orge, sur lesquels elles se précipitent avidement.

Le poisson s'engraisse bien, surtout durant l'automne; durant l'hiver il reste à peu près stationnaire, mais il maigrit au moment du frai.

Pour éviter cet amaigrissement qui détruit une partie des résultats préalablement obtenus, il est bon, si l'on n'a pas recours à la castration, de séparer les sexes. Cette pratique exige deux viviers, l'un pour les mâles, l'autre pour les femelles; pour éviter la dépense de cette double construction, l'on peut engraisser exclusivement des mâles, qui sont du reste plus recherchés.

Les poissons recevant dans les viviers une abondante nourriture peuvent sans inconvénient être mis en assez grand nombre dans un espace restreint.

III. — Castration des Poissons.

De tout temps on a pêché dans la Saône, dans le Rhône ou dans les étangs des Dombes un poisson conformé comme la carpe, mais en différant par un aplatissement remarquable de l'abdomen. Sa chair est très estimée, grasse et délicate.

Un savant du nom de Latourette a découvert que ce poisson, que l'on désigne sous le nom de *carpeau*, n'est qu'une carpe mâle privée de ses organes de reproduction. La cause de ce phénomène est encore inexpliquée, mais jamais les carpeaux ne présentent ni laitance, ni œufs, les organes qui doivent renfermer ces matières manquent complètement; il en est de même du canal afférant leurs produits au dehors.

De cette découverte à essayer de produire cet accident artificiellement il n'y a qu'un pas, aussi depuis longtemps a-t-on essayé de la castration sur les poissons et sur la carpe en particulier. Comme chez les autres animaux, le bœuf, le mouton, le porc et les volailles, cette opération a pour but d'éviter les pertes produites par les phénomènes de la reproduction.

En France, comme le dit M. de Cherville, on s'est contenté, on se contente encore de se décharger sur la Providence du soin de faire des carpeaux ainsi que de celui de les amener dans les filets, ce sont les Anglais qui ont régularisé l'accident. Dans la première moitié du XVIIIe siècle, un marchand de poisson, nommé Samuel Tull, l'a pratiqué couramment et les Anglais continuent sur une assez grande échelle; la mortalité est presque nulle surtout lorsque l'opération se fait à l'époque du frai, car à ce moment les organes qu'il s'agit d'extraire sont très apparents; la chair de la carpe acquiert une supériorité si marquée, que nous engageons les pisciculteurs français à adopter cette pratique. Voici, d'après le *Traité général des pêches* de Duhamel du Monceau, le détail de l'opération :

« Il faut être muni de deux bistouris, un recourbé et coupant par sa partie convexe, et un droit ; ce dernier doit être terminé par un bouton réservé à la pointe ; en outre, d'un stylet ou fil d'argent assez fort, terminé à un de ses bouts par un petit bouton, et à cette extrémité, il doit former un petit crochet.

« Pour faire l'opération, on prend une carpe d'une livre, si l'on veut ; plus elle est grosse et plus l'opération est aisée. On peut opérer sur les deux sexes, mais avec plus de facilité sur les carpes mâles que sur les femelles, parce que les vaisseaux spermatiques sont plus en état de résister.

« On prend donc une carpe d'une livre, si l'on veut, on l'enveloppe d'un linge, on la couche sur le dos et on la tient en cet état entre les genoux ; alors avec le bistouri courbe, on entame les écailles et la peau, précisément entre l'anus et les nageoires du ventre, prenant garde d'entailler les entrailles en pénétrant trop avant. Cette ouverture étant faite et ayant ouvert la capacité du ventre, on prend le bistouri droit qu'on y enfonce, sans craindre de blesser les viscères, à cause du bouton qui le termine et l'on ouvre tout l'espace compris entre l'anus et les nageoires; alors, avec le petit crochet qu'on plonge dans le ventre, on tire le conduit des urines et, en même temps, les vaisseaux spermatiques qui viennent aboutir à l'anus.

« Dans les poissons, les vaisseaux spermatiques partent de l'ovaire et accompagnent l'urètre et le rectum, l'un d'un côté, l'autre de l'autre, et il faut avoir une grande attention de ménager ces deux organes: pour cela, il faut en séparer les deux vaisseaux spermatiques l'un après l'autre, avec une lunette, et on en coupera trois ou quatre lignes, pour empêcher qu'ils ne puissent se rejoindre; ensuite, avec une aiguille et du fil, on rapproche les lèvres de la plaie par un point de suture et on remet le poisson à l'eau. Dès que l'urètre et le rectum ne seront point offensés, tout ira bien. J'en ai gardé plusieurs dans des réservoirs jusqu'à parfaite guérison, ce qui va d'ordinaire à trois semaines, et il m'a paru que ces plaies se guérissaient plus promptement aux poissons qu'aux autres animaux.

La sensibilité des poissons étant moins grande que celle des autres animaux, ils paraissent fort peu souffrir de cette opération.

CHAPITRE V

EXPLOITATION DES ÉTANGS A TANCHES
BROCHETS
PERCHES, ANGUILLES, TRUITES
BASSINS DIVERS

I. — Étangs à Tanches.

La tanche n'est pas généralement cultivée seule dans un étang, on la joint à la carpe, comme nous venons de le voir; toutefois dans les étangs vaseux et tourbeux au point où la carpe ne peut y prospérer on obtient de bons résultats avec la tanche.

Elle y contracte assurément un goût fort désagréable qui peut même rendre sa chair inutilisable; mais tous ceux qui possèdent un vivier d'eau claire peuvent facilement y remédier; en quelques jours les plus mauvais poissons acquièrent les qualités qui manquent à leur chair en les plaçant dans un milieu favorable, tout en recevant une nourriture abondante.

Le développement de la tanche suivrait, d'après M. Gauckler, la progression suivante :

Age.	Poids.
Un an	0 k. 125
Trois ans......................	1 k. à 1 k. 500
Six ou sept ans......	3 k. à 4 k.

Tout ce que nous venons de dire au sujet de la culture de la carpe peut s'appliquer à la tanche Elle profite dans des conditions identiques et absorbe la même nourriture.

II. — Étangs à Brochets.

Le brochet est rarement l'objet d'une exploitation exclusive. Se nourrissant seulement de poissons, il lui faut consommer 15 à 30 kilos de poissons pour augmenter d'un kilogramme.

Voici d'après Gobin le développement moyen du brochet :

Age.	Longueur.	Poids.	Poisson consommé.
	mètres.	kilos.	kilos.
Un an...............	0,17	0,017	0.3825
Deux ans.........	0,26	0,127	2,700
Trois ans..........	0,42	0,240	5,400
Quatre ans..... ..	0,52	0,600	13,500
Cinq ans.........	0,70	1,000	22,500
Six ans......... ..	0,80	1,250	28,128
Douze ans...	1,25	3,508	78,750

Mais lorsqu'on peut lui procurer la nourriture nécessaire en poissons cette culture est assez avantageuse.

Les étangs qui conviennent à la carpe sont aussi propices pour l'élevage du brochet, mais celui-ci réussit aussi dans les eaux plus froides, plus dures et dont le fond est sablonneux et recouvert de gravier.

C'est dans un petit étang, offrant ces particularités, que l'on place courant janvier les reproducteurs. On emploie rarement la fécondation artificielle, la femelle donne 40 à 50 000 œufs, on retire les reproducteurs dès que la ponte est faite, car ils dévoreraient eux-mêmes leur frai et les alevins qui pourraient éclore. Les alevins vivent d'abord d'infusoires, de vers et d'insectes, mais au milieu du mois de juin, ils ont besoin d'une autre nourriture et saisissent pour se nourrir le frai des poissons qui pondent à cette époque; dans ce but, on a préalablement mis dans l'étang quelques carpes, mâles et femelles, dont les produits servent de nourriture aux brochetons.

La feuille ou *aiguillette* des brochets atteint rapidement de belles porportions, de sorte qu'au lieu de la verser dans des étangs d'empoissonnage comme celle des carpes, on la verse directement dans les étangs d'élevage; ce changement d'étang se fait en automme.

Dans ce nouveau cantonnement ils prospèrent rapidement et deviennent vendables au bout de deux ans si on peut leur fournir la nourriture en poissons nécessaire à leur développement, sinon ils ne profitent pas et s'entre-dévorent entre eux.

Leur procurer la nourriture nécessaire, telle est la grande difficulté de la culture du brochet dans les étangs. Pour y parvenir on s'applique à faire prospérer dans les eaux destinées aux brochets des multitudes d'alevins de toutes sortes. Dans les étangs à eau molle et à fond vaseux, des feuilles et alevins de carpes, de tanches; dans les eaux dures à fond sablonneux, marneux ou recouvert de graviers, des alevins de poissons blancs, vairons, ablettes, etc.

III. — Étangs à Perches.

Dans les étangs à eau froide, dure, à fond de sable ou de gravier, on peut cultiver la perche; nous avons indiqué la manière de féconder les longs chapelets d'œufs que pondent ces poissons, on peut les faire éclore dans des appareils à truites; un très léger courant d'eau est nécessaire, on réussit même en changeant simplement l'eau une fois par jour, ou bien on place les œufs dans un panier Lamy placé dans l'étang que l'on veut repeupler, et les alevins s'échappent d'eux-mêmes pour gagner la pleine eau.

L'emploi de la fécondation artificielle n'est pas obligatoire, mais elle a le grand avantage de soustraire les œufs de ce poisson à la voracité des autres habitants de l'étang et des oiseaux d'eau qui en sont particulièrement friands. La croissance de la perche est assez lente et à un âge assez avancé elle atteint rarement une longueur de 50 centimètres et un poids de 3 kilogrammes; malgré cela elle est très vorace et carnassière, il lui faut de grandes quantités d'insectes, de frai de poissons ou de petits poissons.

Aussi malgré la délicatesse de la chair de la perche

ce poisson n'est guère cultivé seul; on remplace dans les étangs à eau fraîche et à fond sablonneux ou gravier, une partie de l'empoissonnage de brochets par un nombre égal de perches, plus âgées de deux à trois ans que les poissons auxquels on les associe; car leur croissance est de deux tiers plus lente que celle de ces derniers. On trouve généralement la perche trop vorace et trop carnassière pour la mettre dans les étangs à carpes où elle profiterait d'ailleurs très peu, attendu qu'elle préfère les eaux de source très vives que la carpe ne fréquente qu'à regret.

IV. — Étangs à Anguilles.

L'anguille prospère dans toutes les eaux et sa chair est meilleure si elle a été élevée dans des eaux limpides et claires. Mais dans les eaux trop froides, à fond sablonneux, elle ne saurait s'y plaire et émigre dans un étang ou une rivière plus favorable.

Avec ce poisson il ne s'agit pas d'étangs de reproduction ou de fécondation artificielle, il ne se reproduit pas dans nos eaux, mais bien à l'embouchure de nos fleuves. « Tous les ans, dit M. Coste, vers les mois de mars et d'avril, il se manifeste à l'embouchure de tous les fleuves et de toutes les rivières, à l'entrée de la nuit, le plus curieux, le plus étrange phénomène qu'il soit possible d'observer.

« Des myriades d'animalcules filiformes diaphanes, de 6 à 8 centimètres de long, s'élèvent par masses compactes, à la surface des eaux dont ils remontent le cours quand ils échappent aux causes de destruction qu'ils rencontrent sur leur passage. Dans certaines contrées, les populations riveraines, attirées par le spectacle de ces apparitions nocturnes et par l'espoir d'une récolte abondante accourent, armées de longues perches au bout desquelles sont emmanchés des tamis, pour se livrer au plaisir d'une pêche au flambeau. On plonge les tamis dans l'eau et après les avoir promenés quelque temps au-dessus de la surface pour recueillir tout ce qui surnage, on les retire chargé d'une espèce de glaire vivante qu'on verse dans des barriques où on l'entasse.

« Cette matière, quand on l'examine de près, se montre exclusivement formée par les animalcules filiformes dont je viens de parler, et ces animalcules ne sont autre chose que des anguilles nouvellement écloses quittant le lieu de leur naissance pour aller se disperser dans les canaux, les lacs, les étangs et les ruisseaux qui communiquent avec le fleuve dont elles remontent le cours.

« C'est à ces migrations périodiques, qui durent pendant deux mois environ, qu'on a donné le nom de montée.

« Ainsi donc la montée, quoique soumise aux déplorables causes de destruction qu'une législation prévoyante n'a point encore songé à réprimer, est assez abondante pour qu'on en puisse peupler toutes les eaux de la terre, puisque c'est par tonneaux qu'on la recueille. Elle pourra par conséquent devenir une source inépuisable d'alimentation, si, transportée dans des bassins préparés pour la recevoir, chacun des individus qui la compose y passe rapidement à l'état d'adulte. »

Cette montée dont un litre contient 4 à 6 000 petites anguilles peut s'expédier facilement au loin si elle est bien emballée dans de petits paniers garnis de toile fine et tapissée de cresson ou de mousse humectée d'eau.

C'est avec les alevins expédiés ainsi que l'on ensemence l'étang destiné à la culture de l'anguille à raison de 1 litre de montée par 2 hectares.

Les étangs devront être bordés de talus à pic ou endigués de planches et toutes les ouvertures soigneusement grillagées, car l'anguille émigre facilement et parcourt sur terre ferme de longues distances en rampant comme un serpent.

Certains pisciculteurs toutefois ne prennent pas toutes ces précautions, mais entourent au contraire leurs étangs de prairies au milieu desquelles elle va à la chasse et se nourrit de vers, limaces et mollusques divers; car, à ce qu'ils prétendent, si l'anguille trouve dans l'étang une nourriture suffisante, de l'ombre et des excavations ou des abris pour y établir sa retraite, elle ne songera pas à émigrer.

Au lieu de déverser directement la montée dans l'étang, il est préférable de la placer dans un étang ou bassin de plus petites dimensions où elle reste une année.

Pendant les premiers jours les anguilles se nourrissent d'animalcules microscopiques, puis on leur donne des matières animales très divisées : elles sont très friandes de boulettes de sang caillé mélangé avec du crottin de cheval ; plus tard encore on leur distribue du frai de grenouilles, des limaces, petits insectes.

Au bout de l'année, au printemps, souvent à l'automne seulement, on attend que les petites anguilles soient de force à se nourrir exclusivement de poisson, ce qui a lieu à l'âge de dix-huit mois, on les transvase dans l'étang d'élevage.

Cet étang aura été au préalable soigneusement empoissonné de poissons blancs et « surtout de grenouilles » (Gobin). Toutefois cette nourriture ne suffira pas aux 1 500 ou 2 000 jeunes anguilles que l'on y déverse, il faudra leur donner de temps en temps (le plus souvent sera le meilleur, car le développement sera plus rapide) des distributions de nourritures diverses, déchets de boucherie, vers, insectes de toutes sortes, graines, pois, lentilles bouillies, etc., car ce poisson est omnivore et il mérite ce nom.

Sa voracité égale celle de la perche, mais il en profite mieux qu'elle, car sa croissance est rapide.

L'anguille à l'arrivée de la montée a 3 centimètres de longueur.

Age.	Longueur.			Poids.		
Un an............	25 à 30 centimètres.			70 à	80 grammes.	
Deux ans.........	40	50	—	400	500	—
Trois ans.........	60	70	—	1250	1500	—
Quatre ans.......	70	80	—	1500	2000	—
Cinq ans.........	80	90	—	2000	2500	—

C'est entre trois et quatre ans qu'il y a le plus d'intérêt à les pêcher ; elles grossissent encore un peu jusqu'à l'âge de dix ans et dépassent la longueur de

1 mètre, mais la chair de ces vieux sujets est indigeste. On reconnaît les vieillards parmi les anguilles aux cercles d'or qui bordent leurs yeux.

On peut déverser régulièrement toutes les années dans l'étang d'élevage une nouvelle quantité de montée ou jeunes anguilles ; cet empoissonnement renouvelé rend l'étang très productif, puisqu'au bout de la troisième année on peut commencer la vente et la recommencer toutes les années.

L'élevage de l'anguille pratiqué avec intelligence est certainement très lucratif.

En admettant que l'on déverse 3 000 anguilles par hectare d'étang, on pourra au bout de la troisième année pêcher 15 000 anguilles qui pourront se vendre 3 francs pièce, soit un produit de 4 500.

Ces chiffres n'ont rien d'exagéré. M. Millet rapporte que 1 kilogramme de montée d'anguille jeté dans les tourbières de l'Aisne produisit après cinq ans plus de 2 500 kilogrammes de belles anguilles. M. de Rivière a aussi signalé que dans une mare de 2 ares superficiels ne recevant d'autre eau que celle des pluies, un de ses pêcheurs prit un jour 325 kilogrammes d'anguilles, ce qui représente 16 250 kilogrammes par hectare.

V. — Étangs à Truites et à Salmones.

La culture des truites et autres salmones est certainement plus productive que celle des espèces dont nous venons de nous occuper. Malheureusement ces poissons demandent une eau plutôt courante et limpide, un fond de gravier et de sable et une température qui n'excède jamais 16 degrés. Ces conditions ne se rencontrent que bien rarement dans les étangs, qui sont généralement à eaux à peu près stagnantes et à fond boueux.

On ne peut donc tenter la culture de la truite que dans des étangs alimentés par des eaux très froides et courantes ; les eaux de sources souterraines conviennent parfaitement, le fond en devra être à la fois sablonneux, graveleux et pierreux ou graveleux seulement. Dans un pareil étang, les truites réussiront parfaitement et nous en renvoyons l'heureux possesseur à la deuxième partie de cet ouvrage, où il trouvera des renseignements détaillés sur la culture de la truite et des salmones — ceux-ci étant dans de si rares cas des poissons d'étang que nous avons renvoyé leur étude aux chapitres des lacs, et en vérité les étangs qu'ils exigent ne sont-ils pas des lacs, créés artificiellement, plutôt que des étangs ?

Nous avons dit que les truites ne supportaient pas une température supérieure à 16 degrés. Dans les eaux qui dépassent cette température sans atteindre 24 degrés, tout en étant limpides et courantes, le pisciculteur pourra essayer avec succès la truite arc-en-ciel : c'est la seule espèce de la famille qui pourrait *à la rigueur* être considérée comme un poisson d'étang.

VI. — Bassins divers.

En Chine, à ce que rapportent les voyageurs, chaque ferme, chaque maison située hors de la ville possède non pas des étangs, mais des bassins ou sortes de mares où s'élève le poisson destiné à la consommation familiale.

Nous sommes convaincus que nos fermes pourraient facilement, sans grandes dépenses, imiter cet exemple et avoir à leur disposition une nourriture saine et économique.

Beaucoup de propriétaires possèdent des bassins dans lesquels ils détiennent des poissons rouges, des carpes, des tanches qui, faute de nourriture, ne prospèrent pas et ne donnent aucun produit. La grande facilité avec laquelle on peut faire éclore la carpe et l'engraisser fait que chaque ménage devrait avoir dans un coin de son jardin un bassin dans lequel il pourrait élever et engraisser le poisson nécessaire à sa consommation (Lamy). La carpe élevée ainsi mériterait son titre de poisson domestique.

Il suffirait pour cela de creuser dans un coin du jardin deux bassins de 2 ou 3 mètres de diamètre, et de 40 à 50 centimètres de profondeur. Le bassin qui est destiné à contenir les poissons reproducteurs devra avoir sur deux points de sa circonférence des retraites, sortes de terriers ayant environ 40 centimètres de largeur creusés dans le sol du bassin; ces excavations offriront aux poissons un abri pendant les grandes chaleurs, aussi bien que pendant les grands froids. De nombreuses plantes aquatiques garniront ce bassin : tout en servant de nourriture, elles assainissent l'eau, dégagent de l'oxygène et l'empêchent de se troubler.

C'est encore sur ces plantes que les carpes déposeront leurs œufs; lorsqu'on les verra chargées de frai, on les retirera et on les placera dans le deuxième bassin que l'on pourrait appeler bassin à éclosion et à élevage. Il offre la même disposition que le premier, mais il doit offrir un endroit n'ayant que 2 ou 3 centimètres d'eau, où aiment à se réfugier les alevins à peine éclos; on y parvient en établissant tout autour du bassin une sorte de promenoir en bois, baigné de 2 ou 3 centimètres d'eau. On peut remplacer cette disposition par un simple volet en bois recouvert de terre glaise, chargé de poids, de manière à ce qu'il soit submergé de la hauteur voulue. Ces poissons, presque aussitôt leur naissance, réclament une nourriture qui se composera de pommes de terre écrasées, mélangées avec un peu de farine d'orge ou de maïs qu'on leur distribuera deux fois par jour. Malgré ces soins une partie des poissons disparaîtra, et si cela n'arrivait pas, il faudrait en diminuer le nombre, car on ne peut guère espérer élever convenablement dans chacun des bassins plus de 120 poissons, ce qui est déjà un beau résultat. On continuera à leur donner une nourriture abondante, graines bouillies de toutes sortes, vers de terre, etc. Ils trouveront aussi une alimentation dans les herbes aquatiques dont est garni le bassin.

M. Lamy, qui recommande spécialement ce mode

d'élevage domestique, a l'intime conviction qu'une carpe ainsi traitée peut augmenter chaque année de 250 à 300 grammes. « Le poisson, dit-il, est comme tous les animaux, plus il est fourni d'aliments convenables, plus il prend d'accroissement; tout en travaillant sa terre, un jardinier pourrait engraisser beaucoup de poissons avec les vers de terre, les limaces, les débris de salade qui lui tombent sous la main. »

Pour ceux qui regretteraient le joli aspect des poissons rouges, nous pourrons recommander la carpe rouge ou dorée, qui possède le double avantage de croître aussi vite que les carpes vulgaires et d'être aussi jolie que les poissons rouges. Elles sont appelées à remplacer les unes et les autres dans les viviers et les bassins, placés près des habitations, où il importe à la fois de charmer l'œil et de se ménager une ressource pour la table. Beaucoup de propriétaires possèdent au milieu de leurs prés des ruisseaux ou de petits bassins dont l'eau est limpide et qui ne sont peuplés que de quelques vairons, coquillages ou insectes et ne rapportent absolument rien. Il ne vient à personne l'idée qu'il puisse en être autrement, il pourrait y avoir là une source de profits en y introduisant la truite arc-en-ciel, pour peu que cette eau se renouvelle, ou qu'elle ait quelque profondeur, cette espèce rustique pourrait non seulement résister, mais arriverait en peu de temps à un poids respectable. « En employant des alevins de 8 à 10 centimètres ayant passé un été, et en faisant cet essai en automne, on a toute chance de réussir. Dans ces conditions, des alevins ont atteint l'année suivante dans un bon étang le poids de 700 grammes. » (Ramelet.)

Les meuniers peuvent aussi repeupler avec cette espèce les biefs de leurs canaux, plus d'un d'entre eux a obtenu un entier succès. Dans une exploitation bien comprise rien ne devrait rester improductif et l'eau comme la terre devrait donner sa part de produit.

DEUXIÈME PARTIE

LACS

—

CHAPITRE VI

ESPÈCES A INTRODUIRE DANS LES LACS

I. Saumon des lacs. — II. Truites. — III. Ombres.
IV. Corégones.

I. — Saumon des lacs.

A l'exception des espèces essentiellement migratrices comme les aloses et tous les saumons, moins le saumon de fontaine, qui ne prospèrent et se multiplient que dans les cours d'eau, les lacs peuvent être peuplés de toutes les autres variétés de poissons, pourvu que la nature des eaux leur convienne. Les lacs, en général, offrent des eaux limpides, des profondeurs qui permettent aux poissons de trouver pendant les grandes chaleurs une fraîcheur constante, aussi conviennent-ils aux truites, ombres et corégones; par suite du prix élevé qu'atteignent ces espèces sur le marché, le pisciculteur a tout intérêt à les multiplier, aussi considérons-nous ces poissons

comme les plus propres aux lacs ainsi que les plus
profitables et les étudierons-nous spécialement dans
cette partie.

Saumon des lacs, saumon de fontaine ou *du Sacramento* (*Salmo fontinalis*). — Ce saumon, qui ne diffère
par aucun trait important du saumon ordinaire et qui
reste seulement beaucoup plus petit, ne constitue
qu'une forme naine, tout au plus une variété du *Salmo
salar*, ayant perdu l'habitude de se rendre à la mer,

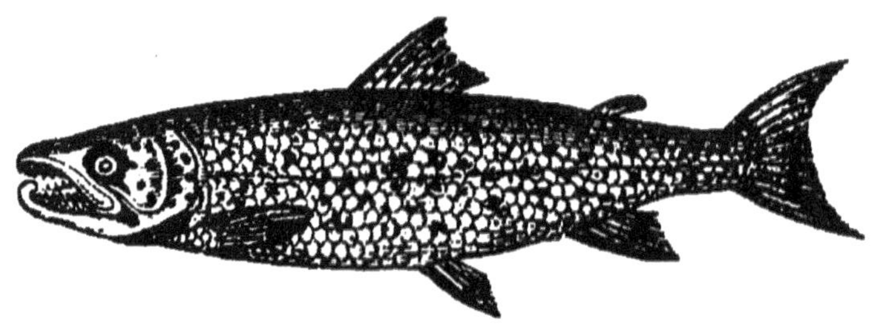

Fig. 20. -- Le Saumon.

par suite d'un long séjour en eau douce, qui est également la cause de son moindre développement.

Deux fois par an, les saumons de fontaine effectuent des sortes d'émigration, quittant les eaux profondes des lacs pour pénétrer dans les rivières ou
ruisseaux qui s'y jettent. Le frai a lieu en octobre
pour finir en décembre, les œufs ont mêmes couleur
et forme que ceux du saumon ordinaire; ils se
plaisent dans les lacs de grande profondeur. Leur
chair est excellente. Le saumon des lacs réussit
parfaitement bien en Europe. « Avant de quitter la
pisciculture de Guilfort, nous dit M. Raveret-Wattel,
je dois mentionner que M. Andrews, qui s'occupe
avec succès de l'élevage du *Salmo fontinalis*, a recueilli

sur cette espèce d'intéressantes observations. Si, jusqu'à l'âge de quelques mois, le *Sacramento fontinalis* s'accommode, mieux que la truite, du manque d'espace, et peut être gardé, sans inconvénient, dans les étroits bacs d'un laboratoire d'éclosion, il n'en est pas de même plus tard, où le séjour dans des bassins de trop peu d'étendue et surtout manquant de profondeur paraît amener chez ce poisson une sorte d'arrêt de développement. Aussi un minimum de 2 mètres, pour la profondeur de l'eau, est-il nécessaire quand on tient à obtenir des sujets vraiment présentables. L'inégalité de croissance des alevins est plus grande encore que chez la truite, et nécessite de très fréquents triages, car les sujets les plus vigoureux absorberaient toute la nourriture et affameraient les plus faibles, qui ont une tendance à se tenir à l'écart et qui dépérissent rapidement s'ils ne sont pas surveillés et protégés. En moyenne, les individus d'un an pèsent de 250 à 800 grammes; ceux de deux ans, de 600 à 800 grammes; ceux de trois ans, 1^{kg},800; enfin, ceux de quatre ans, de 2^{kg},500 à 3 kilogrammes. »

Les *Sacramento fontinalis* sont assez sujets aux attaques du *Saprolegnia ferax*, et il n'est pas rare d'en voir ayant le bord de l'opercule endommagé, conséquence de la maladie des branchies pendant le jeune âge. Les changements brusques de température leur sont nuisibles, et les inflammations d'intestins se déclarent souvent chez ces poissons à la suite d'un refroidissement subit de l'eau. Longtemps avant l'époque du frai, les sujets destinés à la reproduction doivent être nourris copieusement afin d'éviter des

cas de stérilité assez fréquents; la nourriture, toutefois, ne doit pas être donnée en excès, car, dans ce
cas, le *Saprolegnia ferax* envahit promptement les
mâles un peu âgés et les femelles gonflées d'œufs.

II. — Truites.

Truite commune (Salmo fario). — Longueur 20 à
30 centimètres, hauteur 4 centimètres; nageoire dorsale
tachetée de rouge, queue tachetée aussi, mais moins

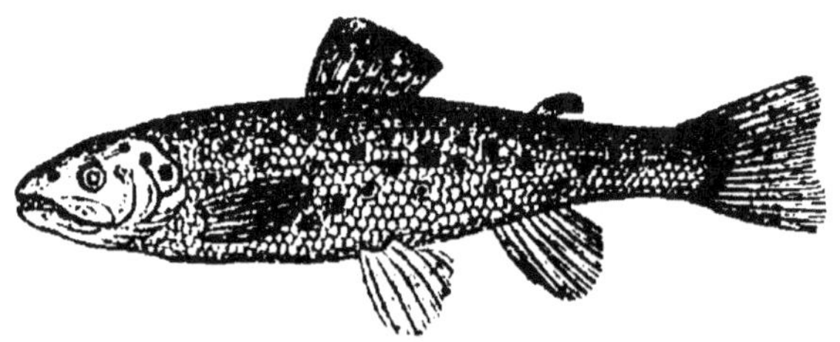

Fig. 21. — La Truite.

visiblement, noire ou vert bouteille, dos grisâtre
marqué de taches noires, tête et flancs jaune doré
ponctués de taches rouges bordées de bleu clair.

Les couleurs qui nuancent sa robe varient considé-
rablement, suivant l'âge et les eaux qu'elle habite,
du blanc au vert bronze foncé. Les truites des eaux
froides et profondes sont presque noires en général,
le dos est noir ou vert foncé, ainsi que la tête et va en
se dégradant sur les flancs où il se mêle de plus en
plus au jaune clair et brillant. Plus la croissance du
poisson a été rapide, plus sa teinte serait pâle; plus
lente, plus foncée (Gobin). Les jeunes ont des bandes

transversales sur les flancs qui s'effacent graduellement. La truite commune habite tous les cours d'eau à onde claire et froide et à courant rapide qui descendent des montagnes, dans les torrents des Alpes et des Pyrénées, ainsi que dans les lacs des montagnes dont l'altitude ne dépasse pas 1000 mètres; elle ne peut vivre dans les eaux dont la température dépasse 25 degrés. Elle se nourrit de poissons, de coquillages, crustacés, vers, insectes, mouches de mai plus particulièrement, de frai de poisson ainsi que de petits poissons eux-mêmes. La truite se tient généralement, pendant la durée du jour, à l'ombre; elle chasse ordinairement le soir et le matin, elle choisit généralement un canton d'où elle ne s'éloigne guère, ne supportant aucune autre truite, si ce n'est une seule compagne plus petite qu'elle.

Ce poisson remonte toujours dans les ruisseaux et même dans les fossés pour frayer, il pond sur le gravier des œufs de la grosseur d'un grain de chènevis, jaune clair ambré, qui éclosent au bout de 100 à 120 jours, suivant la température des eaux; on peut évaluer le nombre de ces œufs à 1000 par kilogramme de poisson. La femelle les dépose entre les cailloux et le gravier des sources, dans des cavités faites avec sa queue. L'époque du frai est très variée, septembre à mars, suivant la température et les circonstances extérieures. Les jeunes naissent avec une vésicule vitelline qui est absorbée au bout de 20 à 30 jours. La taille moyenne de la truite commune est de 35 à 40 centimètres de long, son poids moyen est de 500 à 800 grammes; elle peut néanmoins atteindre

70 centimètres de long et un poids de 2 à 3 kilogrammes. Sa chair est exquise et fort recherchée.

Truite des lacs *(Salmo lacustris, trutta variabilis)*. — Dos gris verdâtre, flancs blanc nacré, avec le ventre argenté moucheté de petites taches noires. Ses formes sont plus trapues.

C'est le poisson des grands amas d'eau, des lacs des montagnes alpestres. Il est tout particulièrement indiqué pour repeupler les viviers et les étangs d'eaux claires et froides.

Pendant l'été ou l'hiver, cette truite fuit les chaleurs ou les froids dans les profondeurs des lacs; au printemps elle séjourne presque à la surface pour profiter des premiers rayons du soleil; en automne elle recherche les courants rapides, les embouchures des affluents ou encore remonte les ruisseaux jusque dans la région des neiges perpétuelles pour trouver un endroit propice à la ponte.

A part cela, ses mœurs, son mode de reproduction, sa nourriture sont les mêmes que ceux de la truite commune. La truite des lacs, malgré son nom, prospère aussi bien dans les rivières que dans les étangs, de même que la truite commune ou truite des ruisseaux se développe normalement dans les eaux fermées.

Presque partout pourtant, pêcheurs et éleveurs ont délaissé cette dernière, lui préférant la truite des lacs ou truite argentée, à raison de sa plus rapide croissance. Elle atteint facilement, à quatre ans, le poids d'un kilogramme et parvient avec le temps au poids de 20 kilogrammes et plus.

D'autre part, ses œufs, plus gros que ceux de la truite commune, donnent dès le début des alevins plus forts et plus résistants. Ces avantages expliquent que cette espèce ait été jusqu'ici préférée à l'autre pour les empoissonnements en salmonides. La truite des lacs supporte une température de 18 degrés qui nuirait à la truite commune.

Forelle ou truite argentée (Fario argenteus). — Truite propre aux lacs de Constance, de Genève ou d'Écosse, qui ne paraît être qu'une variété de la truite des lacs.

Truite de Loch-Leven (Trutta cæcifer). — Espèce qui habite le lac de ce nom et qui est très estimée en Écosse.

Truite Gillaroo (Trutta gillaroo). — Se distingue de la truite commune, indépendamment de la coloration, par un estomac à parois très épaisses, d'où le nom de truite à gésier *(Grizzard Trout)* qui lui est fréquemment donné. Elle habite divers lacs d'Écosse et d'Irlande.

Truite arc-en-ciel (Salmo irideus). — Espèce américaine de grande valeur complètement acclimatée maintenant.

Voici la description qu'en a donnée, dans une intéressante étude sur les salmonides de l'Amérique du Nord, feu le docteur Georges Suckley, chirurgien de l'armée des États-Unis, qui fut, pendant plusieurs années, attaché comme naturaliste à l'inspection du chemin de fer du Pacifique : « Dos brun olivâtre, avec de brillants reflets argentés. Parties inférieures blanc argenté. Nageoires oranges ou rouges. Tête et opercule profusément tachetés de points noirs ronds, nombreux surtout à l'extrémité du museau, au sommet de la tête et au-dessus des yeux. Dos et flancs copieusement mouchetés de points noirs, irréguliers, les uns en forme d'étoile, les autres en forme d'X; ces points sont surtout plus nombreux et plus irréguliers vers la queue. Dorsale, adipeuse, et caudale profusément marquées de taches. Écailles fortement adhérentes. »

A cette description, il convient d'ajouter, comme le fait très justement remarquer M. Livingston Stone, que la truite de la rivière M'Cloud, quand elle est adulte, porte, de chaque côté de la ligne latérale, une large bande rouge, qui s'étend depuis la tête jusqu'à la nageoire caudale. A l'époque du frai, ces bandes sont d'un rouge plus foncé, et les parties argentées du corps deviennent moins blanches (Raveret-Wattel).

La truite arc-en-ciel fraye beaucoup plus tard que les autres truites; de mars en juin généralement. Elle est aussi plus féconde, la femelle pond 2 000 œufs par livre de son poids.

Laissons à un de ses plus ardents propagateurs, M. d'Audeville, le soin de nous présenter les mérites de ce poisson :

« Les expériences ont porté sur les *Arc-en-ciel*, et réellement le résultat en est *admirable*. Nous sommes charmés de l'embonpoint de cette espèce que vous nommez à juste titre la *truite de l'avenir*.

« Merveilleuse, admirable, voilà donc l'opinion des Maîtres.

« Résumons en quelques mots les qualités de la *truite arc-en-ciel*.

« L'*éclosion*, dont on peut varier l'époque presque à son gré, quand on dispose d'eau froide et d'eau tempérée, ne commence qu'au moment où abondent les proies vivantes, si précieuses pour la nourriture.

« Les *alevins*, même durant la période délicate de la résorption, ne subissent presque pas de mortalité, et prospèrent dans des eaux où ne pourrait vivre aucun autre alevin de *truite*.

« La *vigueur de la constitution* des sujets adultes est telle, qu'ils sont non seulement à l'abri des maladies qui causent tant de pertes parmi les autres espèces, mais qu'ils peuvent cicatriser des plaies, mortelles pour les autres.

« Le *caractère* moins sauvage et moins féroce des *Arc-en-ciel* les rend plus faciles à élever en stabulation, et fait qu'elles ne se mangent pas entre elles.

« Leur agilité leur permet d'échapper plus facilement aux autres poissons carnivores, lorsqu'il s'agit de repeupler des eaux dont on ne peut chasser les poissons inférieurs, la perche et le brochet.

« Leur *aptitude à mieux endurer la raréfaction de l'oxygène* est précieuse lorsqu'il s'agit de les soumettre à la stabulation ou au transport, ou même de repeupler un étang exposé à être privé d'air par la glace.

« Leur *faculté de supporter jusqu'à 26°* permet d'empoissonner en *truites* la plupart des eaux jadis abandonnées aux poissons de moindre valeur, et double ainsi le champ d'action de la *truiticulture*.

« Leur *croissance* prodigieusement rapide, qui étonne tous les pisciculteurs, devrait suffire à leur assurer tous les suffrages, car elles se développent beaucoup plus vite qu'aucune autre *truite*, et avec une moindre dépense de nourriture.

« Enfin, par la *finesse de son goût* et la délicatesse de sa chair, la *truite arc-en-ciel* met le comble à tous ses mérites.

« C'est bien là, en vérité, la *truite de l'avenir* : elle doit remplacer toutes nos espèces indigènes, car en tous points elle leur est supérieure.

« Qu'il nous soit permis, en terminant, de dire avec quelque fierté, qu'en deux ans, l'établissement d'Andecy a déjà introduit la *truite arc-en-ciel* dans vingt-trois départements, dont vingt n'en avaient jamais possédé, et dans trois pays étrangers. En vulgarisant ainsi les mérites de cette truite, nous croyons avoir fait avancer d'un bon pas la question capitale du repeuplement de nos eaux.

« Et si la longueur de cette étude a pu fatiguer nos lecteurs, nous dirons à ceux qui s'occupent de pisciculture ou qui ont des eaux à empoissonner : essayez, et vous comprendrez, vous excuserez l'enthousiasme très vif que nous avons laissé paraître, en parlant du plus remarquable de tous les poissons aujourd'hui acclimatés en France. »

III. — Ombres.

Ombre chevalier (*Salmo Umbla, Salmones*). — Ce poisson a l'aspect extérieur du saumon, mais sa taille est beaucoup moindre. Dos gris ombré de reflets

bleuâtres, flancs presque blancs, ventre argenté, lavé
de rouge orange vif. Les côtés au-dessus de la ligne
latérale tachés de marques rouges ombreuses. En
vieillissant, le mâle surtout voit pâlir ses couleurs,
son dos blanchit et les flancs sont orange pâle.

La rapidité avec laquelle il nage et disparaît lui a
fait donner le nom d'ombre; il habite les lacs profonds
de la Suisse, de l'Angleterre et de nos Alpes fran-
çaises, ces poissons demeurent dans les grands fonds
pour n'en sortir qu'à l'époque du frai, moment où ils

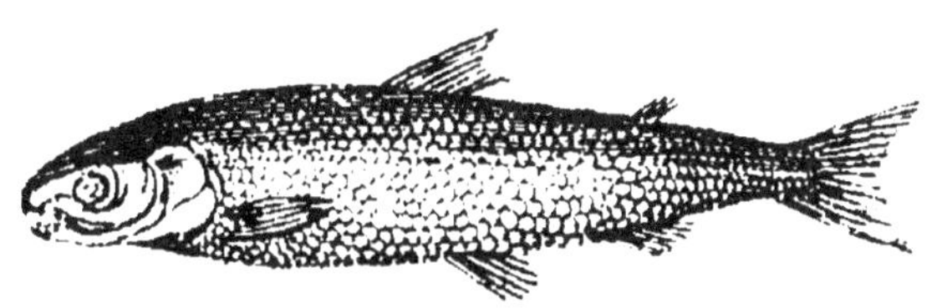

Fig. 22. — L'Ombre chevalier.

suivent les rivages, en petites troupes, et cherchent les
endroits rocailleux ou sableux; ils déposent comme la
truite sur le gravier des petits ruisseaux qui se jettent
dans les lacs, ses œufs assez gros, jaune clair. La
ponte a lieu en décembre-février, les œufs demandent
soixante-dix à cent jours d'incubation. L'ombre-che-
valier se nourrit d'insectes, de vers, de mollusques et
de petits poissons, il ne dépasse pas le poids maximum
de 3 kilogrammes. Sa chair est saumonnée, extrêmement savoureuse.

Ombre commun (*Thymalus vexilifer*). — Corps
allongé, élevé et comprimé latéralement. Dos verdâtre, flancs jaune d'or ponctués en noir vers la
tête, ventre blanc plus ou moins argenté. L'ombre

est très abondant dans certains cours d'eau, il aime
les rivières ombragées des montagnes de l'Auvergne,
de la ·Forêt-Noire, des Vosges, il préfère les rivières
courant sur les cailloux, et qui offrent des alternatives
de rapide et d'eau tranquille. Il se nourrit de larves,
de crustacés, de toutes sortes d'insectes, ainsi que

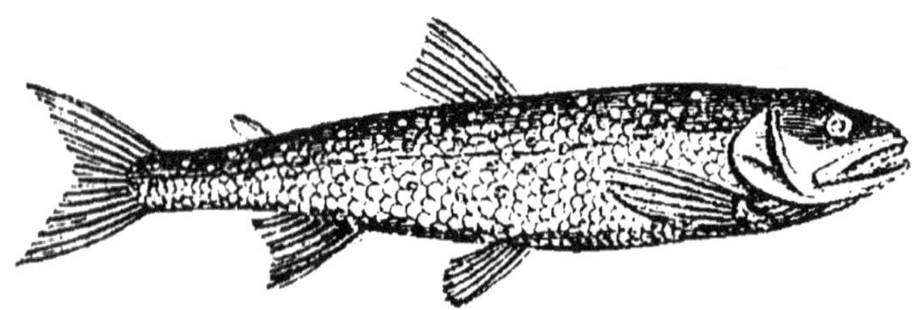

Fig. 23. — L'Ombre.

de petits poissons. Il fraye au printemps, au mois de
mars ou d'avril, ses œufs sont jaunes, de la grosseur
d'un petit pois, il a généralement 25 à 30 centimètres
de long, et son poids moyen est de 400 à 600 grammes.
Sa chair blanche est très appréciée. Lorsqu'on le sort
de l'eau, il répand une odeur de thym, qui lui a valu
son nom scientifique.

IV. — Corégones.

Corégone féra (*Coregonus fera*). — Corps remarquable par son dos horizontal et dans la même direction que sa tête, ce qui fait paraître le ventre renflé.
Les écailles sont grandes, nacrées, blanches, argentées. La couleur du dos est d'un violet bleuâtre
tendre changeant en rose, les flancs argentés sont

irrégulièrement tachetés de gris plombé. Ces poissons demeurent dans les grands lacs, dont ils habitent les profondeurs, jusqu'au moment du frai qui a lieu en novembre ou décembre. Chaque femelle en pond 1 500 environ, ils sont blancs, très légers. Leur incubation dure soixante à quatre-vingt-dix jours. La résorption de la vésicule ombilicale se fait après quinze ou vingt jours. Ce poisson se nourrit de débris organiques, d'insectes et principalement de mollusques. Sa taille est petite, son poids dépasse rarement 600 grammes, sa chair blanche est excellente, parfumée et ferme, sans arêtes, mais se conserve peu. L'alevin du Fera ainsi que celui de tous les corégones ne peut guère être nourri artificiellement, en outre ce n'est qu'avec beaucoup de peines qu'on le tient captif dans les appareils d'incubation traversés par un courant d'eau, car il s'échappe par les plus petites ouvertures. Mieux vaut donc, très peu de jours après l'éclosion, lorsque la vésicule vitelline va être absorbée, le mettre en liberté dans les eaux qu'il doit peupler (Raveret-Wattel).

Corégone laveret ou **de Wartmann** (*Coregonus Lavaretus, Wartmanni*). — Ce poisson présente une tête triangulaire, petite, le nez tronqué, mâchoires presque égale. Il a pour la forme générale une certaine ressemblance avec le hareng.

Dessus de la tête et du dos bleu obscur s'éclaircissant un peu sur les côtés avec une teinte de jaune, ouïes bas des côtés et ventre blanc argenté, toutes les nageoires plus ou moins teintées de bleu obscur, surtout à leurs extrémités.

Il atteint en moyenne une longueur de 40 à 50 centimètres et pèse 1 kilogramme à 1ᵏᵍ, 500. Une longueur de 60 centimètres et un poids de 3 kilogrammes sont des maxima qu'il atteint rarement.

Le laveret se trouve plus particulièrement dans le lac du Bourget.

Les poissons marchent généralement en troupes et s'approchent du rivage pendant le printemps et l'été; ils sont par excellence les habitants des grandes profondeurs et des eaux fraîches descendant des glaciers.

Le frai a lieu du 15 novembre au 15 décembre. A l'exception des autres corégones qui déposent leurs œufs sur le sable dans les grands fonds *sous de fortes pressions* [1], le lavaret dépose d'ordinaire ses œufs près des rives sous très peu d'eau, dans un endroit sableux, tranquille. Ces œufs, au nombre de 50 000 par femelle, sont blancs, très légers.

La nourriture de ce poisson est la même que celle du féra. Sa chair est supérieure à celle de ce dernier.

Citons encore :

Le *corégone marène* ou *grande marène* (*Coregonus maræna*), qui se trouve dans le lac de Genève, dans les lacs d'Allemagne et de Russie.

Pendant la plus grande partie de l'année et surtout en été ce poisson se tient à de grandes profondeurs, en novembre et décembre il s'approche des bords pour venir frayer dans des eaux tranquilles. Une

1. Condition qui rend très difficile la fécondation et surtout l'incubation artificielle de ces œufs.

femelle peut donner 20 à 50 000 œufs de 3 millimètres à $3^{mm},5$ de diamètre; ces œufs sont libres, non adhérents et un peu plus lourds que l'eau. Le corégone marène vit surtout de vers, d'insectes et de petits mollusques. Il atteint en moyenne une longueur de 60 centimètres, mais des sujets de plus forte taille ne sont pas rares.

La croissance est rapide, car au bout d'un an les alevins mesurent déjà 20 centimètres de longueur.

La chair est blanche et ferme, elle est très recherchée, soit fraîche, soit fumée.

C'est un tort de croire que les marènes ne peuvent vivre dans des endroits peu profonds; ils réussissent à merveille dans les étangs à carpes dont ils doublent le rendement. Ce salmone n'est pas carnassier.

Petite marène (*Coregonus albula*). — Ce poisson se pêche dans presque tous les lacs des pays qui avoisinent la Baltique. Sa longueur moyenne est de 12 à 15 centimètres. Il se nourrit de mollusques,

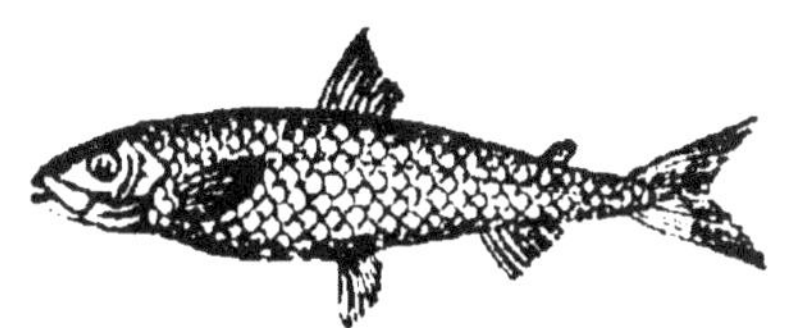

Fig. 24. — La petite Marène.

vers, petits crustacés. Il quitte les grandes profondeurs pour frayer en novembre et décembre dans des eaux tranquilles moins profondes. Les œufs, plus denses que l'eau, sont nombreux; chaque femelle en donne environ 10 000.

C'est une excellente espèce alimentaire dont la chair se consomme aussi bien fumée que fraîche.

Corégone Houting (*Coregonus oxyrhynchus*). — Commun dans le bassin de la Meuse et du Rhin. Ce poisson est migrateur comme le saumon et remonte de la mer pour venir frayer dans les petits ruisseaux d'eau douce.

Corégone palée (*Coregonus polea*), qui ne serait qu'une variété de Fera habitant plutôt la surface des eaux.

White-fish (*Coregonus albus*). — Les Américains apprécient beaucoup ce poisson qui est charnu, sans beaucoup d'arêtes et dont la chair est délicate. Bien que très nutritive, cette chair n'a pas le caractère un peu huileux de celle du saumon qui amène promptement la satiété quand elle entre dans une large part dans l'alimentation. Cette espèce ne justifie le nom de poisson blanc que pendant son jeune âge; au bout d'un mois ou deux, elle prend une teinte qui semble gris sombre, parfois même noire.

C'est un poisson non carnassier, sa nourriture consiste en mollusques et en petits crustacés. L'accroissement est rapide : les sujets d'un an à dix-huit mois pèsent généralement 500 grammes et ils augmentent annuellement ensuite de 250 grammes environ.

Courant décembre il quitte les grands fonds pour venir frayer près des bords; sa fécondité est très grande, chaque femelle donne au moins 10 000 œufs pour chaque livre de son propre poids.

La fécondation artificielle réussit très bien; il est préférable d'employer la méthode russe, les œufs éclosent dans des appareils spéciaux. L'incubation dure de trois à six mois suivant la température de l'eau. La vésicule est absorbée peu de jours (11 ou 12) après l'éclosion. On doit alors mettre en liberté les alevins, car jusqu'ici toutes les tentatives faites en vue de les nourrir artificiellement ont échoué.

L'excellente qualité de la chair du white-fish, sa rusticité, sa croissance rapide et sa grande fécondité le recommandent à l'attention des pisciculteurs.

M. Lugrin l'a introduit avec succès dans le lac d'Annecy.

A cette liste nous pouvons ajouter tous les poissons d'étangs qui vivent parfaitement dans les lacs, mais qui ne donnent pas néanmoins le même rendement que dans les eaux qui leur conviennent mieux. Leur chair est toujours plus fine et plus délicate.

La perche et l'anguille réussisent parfaitement dans les lacs, mais n'oublions pas que ce sont là deux espèces éminemment carnassières, grandes destructrices de frai, et que ce ne serait pas une opération profitable que de nourrir ces poissons avec les alevins des truites qui vivent dans les lacs.

CHAPITRE VII

MULTIPLICATION ARTIFICIELLE DES TRUITES ET AUTRES SALMONIDES NON MIGRATEURS

I. Prise et choix des reproducteurs. — II. Fécondation artificielle
III. Transport des œufs. — IV. Incubation.

I. — Prise et choix des reproducteurs.

D'après les expériences de M. Gauckler, le distingué ingénieur en chef des ponts et chaussées, l'ancien directeur de notre ex-établissement de Huningue, 10 pour 100 seulement des œufs de truites ou de saumons pondus sont, soit parfaitement fécondés, soit préservés jusqu'au terme de l'éclosion.

L'intervention directe de l'homme a pour but d'augmenter le nombre des œufs fécondés en assurant une fécondation plus régulière, d'éloigner les multiples causes d'insuccès dues à divers événements ou accidents en présidant lui-même à l'incubation, enfin de les disséminer dans les endroits qu'ils doivent repeupler.

La multiplication artificielle des poissons peut se diviser en plusieurs opérations : 1° Prise et choix des reproducteurs; 2° Fécondation artificielle ; 3° Incubation ; 4° Alevinage.

Comme chez tous les animaux quels qu'ils soient les reproducteurs ont une grande influence sur leur descendance, il faut choisir des poissons sains, robustes et bien constitués. Pour arriver à ce résultat on conserve lors des pêches un nombre suffisant de sujets présentant ces qualités et on les met en attendant le moment du frai dans des bassins ou viviers spéciaux. On évitera rigoureusement de mélanger les mâles aux femelles et chaque sexe sera dans un bassin séparé ; les murs de ce bassin seront parfaitement unis et l'on évitera les fonds de gravier.

Lorsque arrive l'époque du frai on visite souvent le réservoir et l'on en retire quelques sujets afin de voir si le moment de la ponte n'est pas arrivé, ce que l'on reconnaît aux signes extérieurs suivants : *Le ventre des femelles est mollement distendu, plutôt mou, le pourtour de l'anus est gonflé en un bourrelet rouge, les œufs se déplacent sous la plus légère pression du doigt; ils sortent facilement pour peu que l'on continue cette pression et en tombant dans l'eau ils ne changent pas de couleur.*

Ces symptômes sont moins prononcés chez le mâle, la moindre pression sur le ventre en fait sortir la laitance.

Pour éviter aux femelles une compression qui est quelquefois nuisible, on peut s'assurer qu'elles sont prêtes à pondre en les suspendant par la queue. Si la masse des œufs se déplace vers la partie supérieure du corps en la distendant, c'est que les œufs sont arrivés au degré de maturité voulu et qu'ils peuvent être récoltés immédiatement. Si au contraire l'abdomen conserve sa forme, c'est que la ponte artificielle serait prématurée; le poisson doit être remis dans l'eau.

Si l'on n'a pas de réservoirs disponibles il faut s'emparer des poissons au moment même de la fécondation, à l'époque du frai ils se rendent en grand nombre dans les endroits qui leur paraissent propices, là où un gravier engageant les attire : un coup d'épervier habilement lancé en prend une assez grande quantité.

On emploie en Angleterre un moyen assez ingénieux; on barre un petit ruisseau se deversant dans les eaux habitées par les truites ou saumons au moyen de trois planches rendues complètement étanches au moyen de terre glaise; sur la planche supérieure on pratique une échancrure; l'eau par suite, au lieu de se déverser en une nappe mince sur toute la largeur du barrage, s'échappe par cette échancrure en formant une cascade bruyante qui attire les poissons et les engage à monter à l'étage supérieur. Une petite grille en toile métallique de la largeur de l'échancrure, montée sur charnières, leur permet bien de passer sans la moindre difficulté mais les empêche de redescendre. Un peu plus loin se trouve une grille infranchissable; le poisson reste emprisonné dans un petit espace où il est facile de faire une capture aisée.

Un bon choix est nécessaire parmi les reproducteurs que l'on prend ainsi, on ne prendra que des sujets bien conformés, réunissant tous les caractères extérieurs de l'espèce. On évitera les individus à tête grosse et disproportionnée avec le restant du corps, car c'est là un signe d'affaiblissement.

L'âge des reproducteurs a aussi une grande importance pour obtenir des alevins robustes et de croissance rapide, car les femelles trop jeunes donnent de petits œufs dont le faible volume influe sur la grosseur de l'embryon, et la laitance des mâles de petite taille donne toujours des alevins beaucoup moins beaux que ceux provenant d'œufs fécondés avec la laitance de gros sujets.

Pour pouvoir faire ce choix dans de bonnes conditions, il faut capturer un grand nombre de sujets et dans ce nombre on trouve certainement des femelles dont les œufs ne sont pas encore prêts à être pondus; il est fort probable que si on les remettait dans la rivière on aurait peu de chance de les reprendre. On peut, lorsque les bassins ou réservoirs font défaut, les placer dans une boîte Lamy; on désigne ainsi du nom de son inventeur une grande boîte maintenue en partie immergée à l'aide de flotteurs; on la construit avec quatre montants que l'on joint ensemble par des traverses sur lesquelles on cloue des lattes à 1 centimètre les unes des autres; on y adapte un couvercle qui maintient le poisson prisonnier. Pendant le temps du frai on y place tous les sujets qui ne sont pas prêts à pondre; comme les barreaux sont convenablement espacés l'eau circule largement au travers et le poisson s'y trouve comme en pleine eau. Chaque matin on peut le prendre facilement avec une pochette et s'assurer si les œufs sont prêts ou non.

II. — Fécondation artificielle.

La fécondation artificielle consiste essentiellement à prendre une femelle sur le point de frayer, à expulser les œufs en lui pressant légèrement l'abdomen et à les arroser avec la laitance du mâle.

Les truites faisant leur ponte d'octobre à janvier, c'est à cette époque que l'on pratique la fécondation artificielle.

Les opérations de la fécondation artificielle doivent être faites avec une certaine célérité. On n'est pas bien fixé sur le temps pendant lequel les œufs plongés dans l'eau restent fécondables, tandis que la laitance mélangée à de l'eau est improductive au bout de quelques minutes suivant les espèces. Les membres de la famille des Salmones sont précisément celles chez lesquelles la laitance garde le plus longtemps ses facultés fécondantes : huit à dix minutes d'après de Quatrefages. — Par contre la laitance reste active durant deux jours si on la conserve dans des flacons bien bouchés.

On peut aussi opérer avec des œufs ou de la laitance de poissons morts depuis peu, l'essentiel est que les œufs ou la laitance n'aient pas été exposés à l'air, c'est-à-dire ne soient pas encore expulsés du ventre des reproducteurs.

Les fécondations artificielles doivent de préférence s'exécuter dans une pièce où les variations brusques de température ne soient pas à craindre, et pratiquées à l'abri d'une lumière trop vive; M. Chabot-Karlen

recommande d'opérer une ou deux heures après le
coucher du soleil.

Mode d'opérer. — Les œufs sont reçus dans un
vase peu profond en terre ou en porcelaine, une
cuvette par exemple, ou mieux une de ces capsules en
porcelaine dont on se sert dans les laboratoires de
chimie, de 35 à 40 cen-
timètres de diamètre.

Les pisciculteurs
ne saisissent pas tous
les poissons de la
même façon. Les uns
opèrent de la manière
suivante : après avoir
pris les poissons ils
les placent dans des
baquets larges et
pleins d'eau et placés
à la portée de l'opé-
rateur ; les sexes bien
entendu dans des ba-
quets séparés. Avec

Fig. 25. — Fécondation artificielle,
première manière de tenir les reproducteurs.

le pouce et l'index de la main droite ils saisissent le
poisson derrière les ouïes et de la main gauche ils
maintiennent sa queue derrière l'anus.

L'opérateur fait sortir vivement le sujet de l'eau,
le couche à moitié sur le flanc et le place au-dessus
de la cuvette, dans un angle de 45 degrés, l'anus étant
placé tout près du fond. Ensuite il le recourbe en
forme de S et laisse couler les œufs en augmentant
peu à peu la courbure du poisson. Quand il n'en sort

presque plus on presse légèrement les flancs entre le pouce et les autres doigts de la main droite que l'on fait glisser de la tête vers la queue autant de fois que cela est nécessaire.

Pour suivre le mode opératoire adopté par les autres pisciculteurs, on saisit de la main gauche une femelle et on la tient suspendue perpendiculairement par les nageoires de la tête au-dessus et le plus près possible du vase. Dans cette position les œufs qui se trouvent près de l'orifice anal et vulvaire sortent par suite de leur propre pesanteur. Pour le cas où cela n'aurait pas lieu, on presserait très doucement et légèrement le ventre de haut en bas avec le pouce et l'index de la main droite.

Fig. 26. — Fécondation artificielle, deuxième manière de tenir les reproducteurs.

Il arrive parfois qu'une première tentative est sans résultat et que la femelle retient ses œufs par de violentes contractions. Il ne faut dans ce cas rien brusquer, mais attendre. Un changement de position, une immersion complète, et de légères frictions suffisent pour faire cesser en quelques secondes cet état spasmodique. Les œufs coulent alors sans difficulté.

Quelquefois aussi un poisson de forte taille se défend avec vigueur et rend l'opération presque impossible. Dans ce cas on l'accroche avec un hameçon dont on a soigneusement limé la barbe et on le maintient dans un cuvier rempli d'eau, au moyen d'une corde d'environ $1^m,20$ de long attachée d'un côté à l'hameçon, de l'autre à une verge flexible et élastique de même longueur. En peu de temps l'animal épuise ses forces et se laisse manier sans difficulté, nous assure M. Gauckler.

Il existe deux procédés de fécondation pour les poissons à œufs libres comme les saumons et les truites.

Procédé ordinaire. — On prend un vase approprié ou une capsule, comme nous l'avons dit plus haut, on y met 3 à 4 centimètres d'eau qui doit être à une température variant de 4 à 8 degrés; on se sert généralement de l'eau de la rivière où l'on a pris les poissons. On prend alors une femelle que l'on saisit d'une des manières que nous avons indiquées et on en fait sortir les œufs sous la forme d'un beau jet couleur d'ambre. Quand la pression, toujours légère, ne fait plus rien sortir, on rejette la femelle; les œufs qui viennent ainsi d'être expulsés forment une mince couche sur le fond du vase, car leur densité étant plus forte que celle de l'eau, ils tombent immédiatement au fond. il faut qu'il n'y ait qu'une seule couche sur le fond du vase et les œufs ne doivent pas être entassés les uns sur les autres. Si pendant l'opération l'eau a été souillée par les mucosités, par des écailles ou des déjections de la femelle, il faut la changer immédiatement avant de procéder à la fécondation.

En général l'eau ne doit pas dépasser la couche

d'œufs de plus de 5 centimètres. Un mâle pouvant féconder trois ou quatre femelles, on peut, lorsqu'on juge la couche insuffisante, prendre les œufs de deux ou trois femelles.

Tous les œufs étant au fond du vase recouverts d'eau, comme nous l'avons dit, on saisit un mâle et on en extrait quelques gouttes de laitance que l'on fait sortir en pressant l'abdomen comme pour la femelle ; la laitance doit sortir très aisément, sinon elle n'est pas mûre et ne peut donner aucun résultat ; elle doit être de la consistance, de la fluidité et de la couleur de la crème, elle est altérée quand elle a une teinte jaunâtre.

Au fur et à mesure que la laitance tombe, un aide remue l'eau et les œufs avec une barbe de plume ou même avec la main afin que l'action fécondante agisse uniformément sur toute la masse, quand l'eau a pris une teinte légèrement blanchâtre, ou plus exactement légèrement opaline, la saturation est complète, on suspend la pression et l'écoulement de la laitance.

On laisse les œufs en contact avec cette eau additionnée de laitance pendant 8 à 10 minutes et l'opération est faite. On peut la compléter en imprimant au vase une légère secousse, *une seule*, puis on retire les œufs, on les rince soigneusement et on les place dans un appareil à incubation.

Il faut pratiquer toutes ces opérations vivement ; aussi afin d'agir plus rapidement encore, dans quelques établissements de pisciculture verse-t-on la laitance du mâle en même temps que les œufs de la femelle, une personne tenant la femelle, l'autre le mâle. Il faut aussi éviter de toucher avec la main les œufs ou la laitance, ni blesser les poissons, car à la moindre blessure les écailles se détachent et viennent remplir l'eau de mucosités. Ces mucosités mises en contact avec les œufs favorisent le développement des byssus ou autres végétations cryptogamiques. Pour éviter ce dernier accident, il est prudent de saisir les poissons avec un linge fin préalablement mouillé et de ne jamais toucher les poissons avec des mains sèches, car on ne manquerait pas d'enlever encore la mucosité qui recouvre les écailles.

Procédé russe. — Lorsque la laitance est mélangée avec de l'eau, ainsi que nous l'avons dit, sa faculté fécondante est de courte durée, tandis que lorsque le mélange avec de l'eau n'a pas été effectué, elle est beaucoup plus longue. Aussi un Russe nommé Wrasski eut-il l'idée de supprimer l'eau dans l'opération de la fécondation et de la faire complètement à sec. On avait déjà observé que plus on diminuait l'eau, plus l'opération était réussie. Voici comment s'opère la fécondation d'après ce procédé que l'on appelle à la russe d'après la nationalité de son inventeur : On fait tomber les œufs dans une assiette ou un plat assez grand pour qu'il n'y en ait qu'une seule couche. On y répand de la laitance d'un mâle et l'on remue doucement avec un pinceau, les barbes d'une plume ou même la queue du poisson de manière à ce que le mélange soit complet. On laisse ainsi les œufs pendant cinq minutes, puis on ajoute de l'eau de façon à les recouvrir d'une couche d'eau de 5 centimètres, on remue de nouveau, puis on les laisse en cet état de quinze à quarante-cinq minutes, de manière à ce qu'ils soient complètement gonflés et devenus libres.

Quelques pisciculteurs ont modifié quelque peu ce mode opératoire et voici comment ils procèdent : ils commencent par répandre quelques gouttes de laitance dans le vase et ils versent ensuite les œufs qu'on achève de laitancer. La quantité de laitance est la même que dans le procédée russe ordinaire, mais on la verse en deux fois.

Lorsqu'on a très peu de laitance on peut la recueillir dans un flacon, on y ajoute rapidement un peu d'eau, on remue le tout pendant quelques secondes, puis on arrose de ce liquide les œufs exprimés à sec; on ajoute ensuite de l'eau, on remue et on lave comme précédemment.

Pendant tout le temps qu'on laisse les œufs au contact de l'eau dans l'assiette, *il est très important de maintenir ce liquide à une température constante.*

Les pisciculteurs expérimentés reconnaissent la réussite de l'opération à une légère granulation intérieure qui s'aperçoit par transparence au bout de dix à quinze minutes dans les œufs réellement fécondés.

La fécondation à la russe exige une plus grande quantité de laitance et par suite de mâles, mais elle donne une grande proportion d'œufs fécondés : 90 et même 99 pour 100. Avec ce procédé on obtient en outre une grande proportion d'alevins femelles (16 mâles seulement pour 100 femelles), tandis que la fécondation sous l'eau, c'est-à-dire par le procédé ordinaire, si elle demande moins de laitance, ne donne qu'une plus faible quantité d'œufs fécondés, 30 à 33 pour 100, et produit une si forte proportion de mâles qu'il peut en résulter le dépeuplement des eaux ainsi artificiellement empoissonnées.

III. — Transport des œufs.

Le transport des œufs est le complément de la fécondation artificielle et un des plus grands avantages de la pisciculture artificielle, il permet d'en répandre partout les bienfaits.

Les œufs peuvent être transportés soit dès la fécondation, soit seulement après l'apparition de l'embryon. Six jours après la fécondation ils sont très sensibles et, d'après M. Coste, l'époque la plus favorable est à partir du moment où l'embryon est assez avancé pour que les yeux commencent à se montrer comme deux points noirâtres au travers de la coque.

Une partie des maladies étant dues aux chocs que subissent les œufs, il faut donc les maintenir pendant tout le transport dans une immobilité absolue, on doit aussi éviter l'action de la chaleur tout en les préservant du gel qui tuerait également les embryons.

On les emballe aujourd'hui assez fréquemment dans de légères boîtes en sapin dans lesquelles on les stratifie entre des couches de mousses aquatiques, de ouate, etc., tout en proscrivant rigoureusement la sciure de bois qui peut faire périr les œufs. Pour éviter leur éparpillement dans la mousse et pour pouvoir les déballer plus facilement on peut les disposer en couches minces entre de fins linges préalablement mouillés.

Lorsque la quantité d'œufs à expédier est assez considérable, on se sert généralement, depuis quelques années, de châssis en forme de tamis (fig. 27 et 28), composés d'un cadre en bois léger, sur lequel est clouée, soit une forte mousseline, soit de la futaine. Ces tamis, qui reçoivent chacun une ou plusieurs couches d'œufs (selon l'espèce des œufs à transporter), sont superposés les uns sur les autres, puis emballés,

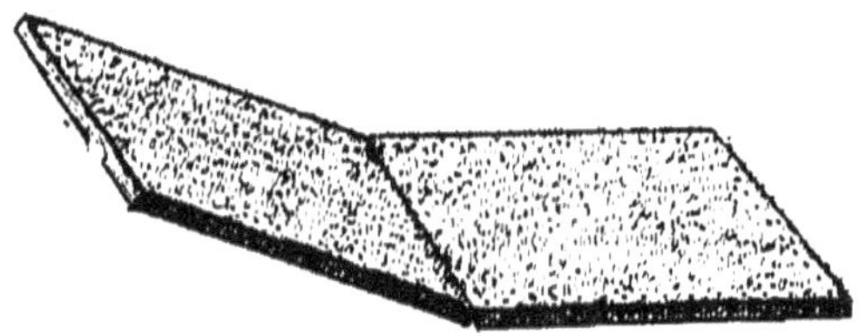
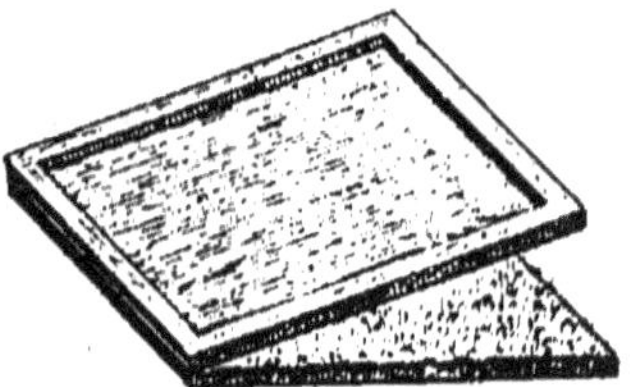

Fig. 27.　　　　　　　　　Fig. 28.

Châssis d'emballage pour œufs fécondés (ouvert et replié).

avec de la mousse humide, dans une caisse où ils sont fortement assujettis, afin d'éviter tout dérangement en cours de route. Il est toujours prudent (et la précaution devient indispensable quand la chaleur ou la gelée sont à craindre) de renfermer la caisse dans une autre plus grande et de remplir l'intervalle entre les deux enveloppes avec une couche isolante de balles d'avoine, de très menue paille ou de mousse sèche, qui protège le contenu contre l'influence de la température extérieure.

Voici le mode d'emballage qui était employé à l'établissement national de Bouzey et que nous pouvons recommander aux pisciculteurs. Lorsqu'on expédie des œufs, soit fraîchement fécondés, soit embryonnés, on se sert de châssis ou boîtes en sapin de 5 centimètres de hauteur, fixés sur un fond également en sapin. Le bois employé à la confection de ces boîtes est réduit à 5 millimètres d'épaisseur.

Chaque châssis, avant de recevoir les œufs, est garni intérieurement d'une feuille de ouate humide. On place sur cette ouate les œufs préalablement enveloppés d'une mousseline mouillée, et on recouvre le tout d'une feuille d'ouate humide, puis on remplit le vide, s'il en reste, à l'aide d'ouate sèche. On peut superposer plusieurs châssis ainsi garnis, et sur le dernier, on place un couvercle formé d'une volige en sapin. L'ensemble est ensuite fortement ficelé afin qu'il ne se produise aucune disjonction, et placé dans une caisse d'emballage en sapin ou en peuplier, assez spacieuse pour que le vide entre les châssis et la face intérieure de la caisse soit dans tous les sens d'environ 10 centimètres. On remplit ce vide avec de la mousse sèche, de la sciure de bois ou de la paille hachée, fortement comprimée, puis on ferme la caisse en y clouant un couvercle en bois. Pour 10 000 œufs leur longueur est de 30 centimètres, leur largeur $22^{cm},2$ et leur hauteur 7 centimètres.

Lorsqu'on reçoit des œufs on s'empresse d'ouvrir la caisse et avant même de retirer l'emballage, mousse ou menue paille, afin de bien amener les œufs à la température de l'eau qui alimente l'appareil d'incubation dans lequel on doit les mettre, il est bon de les arroser quelques minutes avec cette eau, puis après un certain temps on les déballe. C'est le moment d'enlever ceux qui se sont gâtés pendant le voyage, puis on les place dans l'appareil.

M. Haack a inventé une sorte d'armoire-glacière en bois qui permet le transport des œufs à grandes distances même en des régions chaudes. Les œufs, placés dans des tamis et recouverts de ouate, sont

Fig. 20. — Armoire-glacière pour la conservation et le transport des œufs.

entourés d'une couche d'air isolante; au-dessus se trouve une caissette pour loger de la glace. En fondant peu à peu la glace emmaganisée laisse tomber goutte à goutte sur les œufs une eau excessivement froide (presque à zéro) sous laquelle l'évolution embryonnaire ne marche qu'avec une extrême lenteur. Cet appareil a aussi le grand avantage de permettre de retarder l'éclosion des œufs. La lenteur avec laquelle se développe l'embryon à la température de zéro offre la faculté de renvoyer l'éclosion à une époque qui peut paraître plus favorable au pisciculteur, et d'attendre une saison où la nourriture vivante puisse se procurer plus aisément.

IV. — Incubation.

Les œufs étant fécondés on procède à leur incubation; pendant les trois premiers jours ils augmentent de poids et au bout de soixante-dix heures ils gagnent, d'après M. Gauckler, 5 pour 100 de leur poids par suite de l'absorption d'oxygène. L'œuf qui, s'il était transparent, a perdu sa transparence première pour devenir opaque après la fécondation, la recouvre peu à peu; à l'intérieur on voit bientôt apparaître une petite tache de couleur noirâtre dont le développement s'arrête là s'il n'y a pas eu fécondation, mais qui dans les œufs fécondés s'accroît assez rapidement en prenant une forme arquée chez cet embryon qui a tout d'abord l'aspect d'un quart de cercle blanchâtre; l'une des extrémités s'allonge peu à peu tandis que l'autre grossit simultanément, la première est la queue, l'autre la tête sur laquelle on ne tarde pas à apercevoir deux points noirs, les yeux, qui en occupent près des deux tiers. On dit alors que les œufs sont *embryonnés*. L'embryon est déjà animé de mouvements propres, sa queue s'agite plus ou moins rapidement.

M. Gauckler a établi qu'à partir du moment de l'apparition de l'embryon le poids absolu de l'embryon tend à diminuer.

Durée de l'incubation. — La durée de l'incubation des œufs de truites varie en moyenne entre quarante et soixante-cinq jours; cette variation est due essentiellement à la température à laquelle se fait l'incubation : plus la température est froide, plus l'éclosion est retardée.

Voici pour la truite la durée de l'incubation à diverses températures.

Degrés.	Jours.	
+ 1	160	(d'après Bouchon Brandely).
+ 2	95	
+ 3	85	
+ 4	75	
+ 5	65	
+ 6	55	
+ 7	45	
+ 2,5	165	(d'après Koltz).
+ 5	103	
+ 7,50	73	
+ 10	47	
+ 12,50	32	

On voit qu'il n'y a rien de bien juste et l'on ne peut dire avec certitude que l'éclosion aura lieu tel jour si a température est de tant de degrés. Il y a des facteurs que nous ne connaisons pas; nous pouvons aussi attribuer une grande influence à la lumière, des expériences faites par un pisciculteur suisse nommé Baun sur des œufs de truite arc-en-ciel ont montré que l'on pouvait obtenir une différence d'une quinzaine de jours entre des œufs mis en incubation dans un endroit éclairé et d'autres tenus dans une obscurité complète.

L'obscurité, comme l'abaissement de température, retarde donc l'éclosion des œufs. Ceci est assez important pour le pisciculteur, car il doit suivre l'exemple des Anglais qui attachent une grande importance à avoir des alevins vigoureux, et il est démontré par l'expérience qu'une incubation lente a une action bienfaisante sur la santé et la vigueur des futurs alevins, tandis qu'une incubation rapide ne produit que des sujets malingres et chétifs. Pour les truites on a pu obtenir, ainsi qu'on l'a vu par les chiffres plus haut, des alevins au bout de trente-deux jours, ces êtres débiles n'ont pas survécu à la résorption de la vésicule ombilicale.

Nature de l'eau, aération, filtration. — La température de l'eau n'est pas seule à considérer pour arriver à un bon résultat, il faut aussi regarder sa nature.

Les meilleures éclosions sont obtenues par une incubation dans de l'eau pure ne contenant aucune matière nuisible, il faut aussi qu'elle soit fortement aérée, car on sait que c'est grâce à l'oxygène de l'air tenu en suspension dans l'eau que se produit la respiration du poisson, cet air et cet oxygène sont aussi indispensables à l'œuf dont l'embryon respire qu'au poisson lui-même.

Si on met les œufs en incubation dans l'eau libre, c'est-à-dire si on place les œufs dans un appareil placé dans un cours d'eau, on ne peut rien changer à l'état de l'eau et l'on est obligé d'accepter les circonstances telles qu'elles se présenteront. L'important est surtout de bien choisir le fleuve ou le ruisseau où l'on opère afin d'éviter les circonstances défavorables.

Si l'on emploie des rigoles on aura tout avantage à employer de l'eau de source que l'on amènera dans ces appareils. La température de l'eau de source est plutôt élevée, aussi est-il bon de la laisser refroidir pendant un parcours suffisant à l'air extérieur ou en la faisant séjourner quelque temps dans un bassin ou dans une sorte d'écluse.

Cette eau de source ne contient en général qu'une faible quantité d'oxygène, et on peut l'aérer en la faisant tomber en chutes d'une certaine hauteur, et dans ces chutes le mieux est que la veine liquide soit aussi large et aussi mince que possible. « En outre, nous dit M. Raveret-Wattel, au lieu de laisser l'eau tomber le long d'une paroi verticale, on l'oblige à l'aide d'une planchette horizontale à se déverser de telle sorte que la nappe tombante soit en dessous comme en dessus en contact avec l'air, ce qui double l'effet obtenu. »

Les laboratoires sont généralement installés dans le sous-sol, ce qui est très avantageux, car il y règne une température constante sans crainte de gelée et l'on peut se dispenser de l'usage de poêle et d'autres moyens de chauffage. L'eau y arrive sous une assez forte pression, il est facile d'établir ces cascades ou encore d'amener l'eau par des tuyaux verticaux ayant à leur extrémité supérieure un ou plusieurs petits trous d'admission de l'air; si le débit est convenablement réglé, l'eau entraîne l'air et la dissout avant d'arriver aux appareils.

Il n'est pas toujours aisé de se procurer de l'eau de source pure, et souvent même quand on en a, pour en diminuer la température on la mélange avec de l'eau de rivière.

Avant de laisser pénétrer cette eau dans les appareils d'incubation, il faut absolument la priver de tous les germes qu'elle contient et qui seraient immanquablement nuisibles aux œufs, et la dépouiller des éléments terreux qu'elle contient en suspension [1].

Pour arriver à ce résultat on la filtre.

L'eau est d'abord reçue dans un bassin d'alimentation où elle dépose déjà une partie des matières vaseuses qu'elle charrie, puis on la fait passer au travers d'un filtre.

Nous ne décrirons pas les nombreux modèles de filtres que la généralité de nos lecteurs connaissent du reste et qui consistent à faire traverser par l'eau une couche de sable de rivière ou de sable silicieux qui agit mécaniquement en arrêtant au passage les matières tenues en suspension dans l'eau.

On peut aussi employer la poudre de charbon qui joint à cette action mécanique la propriété d'absorber les gaz et d'enlever à l'eau toute saveur et odeur putride; il y aurait aussi d'intéressants essais à faire sur l'emploi d'une petite quantité de permanganate de potasse. Nous ne citerons que deux modèles des plus pratiques.

1. « Souvent une eau très claire en apparence, nous dit M. Raveret-Wattel dans son intéressant ouvrage *la Pisciculture à l'étranger*, n'en laisse pas moins déposer à la longue, pendant les huit ou dix semaines que dure l'incubation des œufs de Salmonides, des sédiments fort nuisibles. La vase est aussi préjudiciable que les végétations cryptogamiques; c'est l'ennemi le plus terrible des œufs de poissons. Du reste le filtrage n'a pas seulement pour but de purifier l'eau, mais aussi d'arrêter les larves d'insectes qui détruisent les œufs. A l'établissement de Stormonfield (Ecosse), on a perdu de ce chef en une seule saison plus de 70 000 œufs de saumon. »

Le filtre à éponges était employé dans notre établissement national de Bouzey qu'une récente catastrophe présente à tous les esprits a entièrement détruit.

Les tuyaux qui amenaient l'eau, débouchaient dans une boîte spéciale destinée au filtrage et qui avait 25 centimètres de largeur et 30 centimètres de haut. La matière filtrante était un lit d'éponges de 12 centimètres d'épaisseur fortement serré entre deux châssis en zinc perforé garnis, celui du bas en flanelle mince dite finette, et celui du haut en épaisse flanelle.

L'eau au sortir de la boîte de filtrage tombait de 30 centimètres de hauteur dans un premier compartiment, qui garantissait les œufs et les alevins d'une chute directe et à l'occasion contre l'invasion des souris.

On prenait habituellement la précaution de placer dans ce compartiment cinq ou six petits vairons qui se chargeaient de dévorer les larves ou insectes microscopiques qui auraient pu passer au travers du filtre.

En Amérique on fait passer l'eau à filtrer dans un bac en ciment de 50 centimètres de large coupé par dix diaphragmes de flanelle et de molleton blanc. Ce diaphragme est formé par une pièce d'étoffe fortement tendue sur un cadre ou mieux un double cadre, ce cadre est maintenu en place au moyen d'une rainure ménagée dans la paroi du bac dans laquelle il entre à coulisse. Ces filtres sont plus ou moins espacés : si la place manque, un intervalle de 2 ou 3 centimètres entre chacun peut suffire. L'important c'est qu'ils puissent être enlevés et replacés aisément en vue des nettoyages. Quand la flanelle ou le molleton sont salis et ne laissent plus aisément filtrer l'eau, on les lave plusieurs fois ou bien on les laisse sécher pour les brosser énergiquement.

On emploie plusieurs natures de molleton ou de flanelle; une étoffe d'un tissu très lâche pour les premiers diaphragmes, qui sans cette précaution s'obstrueraient très vite, puis des tissus de plus en plus serrés pour les autres diaphragmes qui n'ont plus qu'à retenir des parcelles terreuses excessivement ténues.

Appareils d'incubation. — On peut diviser les appareils destinés à l'incubation des œufs de Salmonides ou autres poissons à œufs libres en deux grandes catégories : les *appareils simples* destinés à être plongés dans une eau courante, et les *appareils à courant continu* qui reçoivent l'eau d'une façon régulière et qui permettent d'opérer dans l'intérieur d'un laboratoire ou d'une pièce quelconque.

Appareils simples. — Les appareils simples sont ceux qui ont été découverts et employés des premiers, nous pourrons citer en tête la boîte de Jacobi. C'est une grande caisse de 2 à 3 mètres de longueur sur 45 centimètres de largeur et 15 à 24 centimètres de hauteur que l'on place sur le trajet d'un ruisseau d'eau vive; les deux bouts sont fermés à l'aide d'un grillage métallique à mailles de 2 millimètres de côté et servent à l'entrée et à la sortie de l'eau. Le fond est garni d'une couche de 3 à 5 centimètres de gravier bien uni sur lequel sont déposés les œufs, de manière à ce qu'ils ne se recouvrent pas les uns les autres.

Nous pouvons aussi mentionner dans la même

catégorie les boîtes en fer-blanc percées de trous ima-
ginées par Remy, ce père de la pisciculture française.
Plus perfectionnés sont les tamis de M. Millet (fig. 30)

Fig. 30. — Tamis Millet.

quoique, toujours sur le même principe, ils consistent
en deux ou trois tamis de toile métallique réunis
ensemble et superposés de
manière à former une boîte
cylindrique maintenue par
un flotteur. M. Koltz re-
commande des vases en
terre cuite vernissée, percés de petits trous, qui
s'emploient de même.

Fig. 31. — Vase à éclosion
en terre cuite (système Koltz).

La rigole de M. Coste
(fig. 33), véritable perfec-
tionnement des appareils ci-dessus, a 1 mètre environ
de long sur 50 centimètres de large ; elle est munie d'un
couvercle garni de toile métallique. A l'intérieur cette
caisse n'est point divisée, elle porte seulement à ses
deux extrémités et au centre, à 15 centimètres du fond,

des tasseaux ou traverses destinés à soutenir es claies
qui forment le complément de l'appareil. Celles-ci consistent en baguettes de verre enchâssées dans un cadre

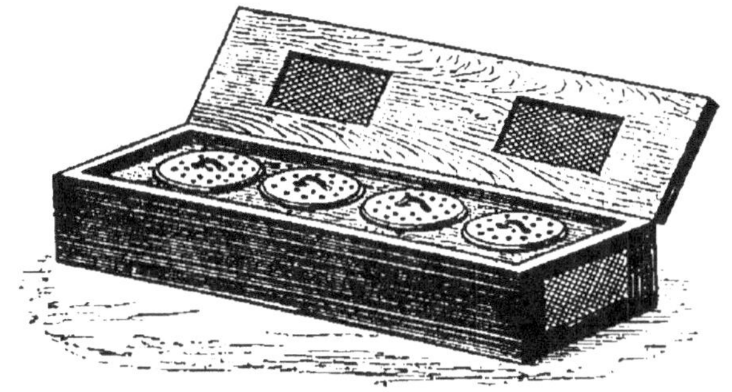

Fig. 32. — Caisse flottante pour les vases en terre cuite (Koltz).

de bois; ces claies étant destinées à être superposées
au nombre de trois ou quatre dans l'appareil, leurs

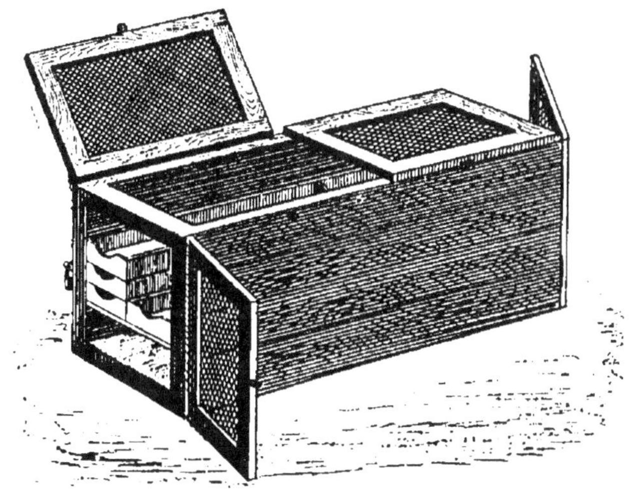

Fig. 33. — Rigole à incubation (Coste).

extrémités doivent présenter une large échancrure
pour le libre passage de l'eau. Pour faciliter leur mani-
pulation on leur donne seulement la moitié de la largeur et de la longueur de la boîte, de manière qu'il

9.

s'en trouve quatre sur le même plan. Les deux extrémités de la boîte, c'est-à-dire les petits côtés, sont garnies de toiles métalliques afin de laisser passage à l'eau tout en empêchant l'entrée d'animaux qui pourraient détruire les œufs.

Cette boîte est mise dans l'eau soutenue par des flotteurs, ou mieux, placée sur le trajet d'un petit ruisseau d'eau vive parallèlement au courant, mais si ce dernier est trop rapide, elle doit lui présenter un angle seulement.

L'auge californienne que nous décrirons plus tard peut aussi être employée pour l'incubation des œufs à l'air libre. On pratique sur le côté de cet appareil opposé à celui par où sort l'eau une ouverture sur toute la largeur, mais sur une petite hauteur seulement. Cette ouverture est garnie d'un grillage métallique et se ferme à volonté au moyen d'un panneau à coulisse; on immerge l'appareil et on place cette ouverture face au courant. L'eau entre dans l'incubateur et sort par le goulot en traversant le fond en toile métallique où reposent les œufs. Le panneau à coulisse sert à régler la force du courant. On peut aussi installer cet appareil sur un flotteur.

M. Brenosa, reconnaissant l'avantage de ce courant ascendant de l'auge californienne, a apporté ce perfectionnement à la rigole Coste. Son appareil est en zinc peint, il mesure 70 centimètres de long sur 45 de large et peut contenir 10 000 œufs; le courant est ascendant, l'entrée de l'eau étant placée à 2 centimètres du fond de la caisse et la sortie placée à un niveau supérieur à celui des châssis; ceux-ci, au nombre de trois, sont garnis de baguettes en verre, les deux ouvertures sont fermées par de la toile métallique afin de mettre les œufs à l'abri des crustacés et insectes aquatiques. La boîte se ferme à la partie supérieure au moyen d'un couvercle articulé.

Appareils à courant continu. — Dans les appareils à courant continu le pisciculteur est absolument maître

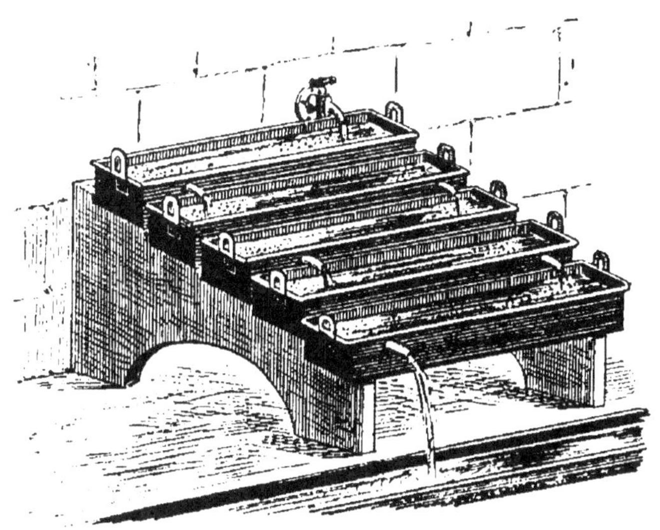

Fig. 34. — Augettes Coste disposées en gradins.

du débit de l'eau, qui est amenée au laboratoire par une conduite et déversée dans les appareils au moyen d'un tuyau muni d'un robinet. Un des premiers modèles inventés est l'incubateur à courant continu de Coste (fig. 34); il se compose essentiellement d'auges ou rigoles factices en terre vernissée, en zinc, en fonte émaillée disposées en échelons. L'eau sortant du robinet tombe dans la plus élevée dont elle s'échappe en petites cascades pour retomber dans la suivante, ainsi de suite jusqu'à la dernière.

« Celles qui composent mon appareil, dit M. Coste dans ses instructions pratiques sur la pisciculture, ont 50 centimètres de long sur 15 de large et 10 de profondeur. Elles portent sur le côté, à 6 ou 7 centimètres d'une de leurs extrémités, une gouttière de décharge ; sur la face de l'extrémité opposée et au niveau du fond, un trou qui permet de les vider entièrement et à l'intérieur, à peu près vers le milieu de leur profondeur et de chaque côté, deux petits supports saillants.

« Chaque auge est garnie d'une claie, sur laquelle on étale les œufs fécondés que l'on veut faire éclore. Les barreaux de cette claie, formés par des baguettes de verre placées parallèlement, soit en long, soit en large, et écartées les unes des autres de 2 à 3 millimètres, sont maintenues à l'aide d'une très mince lame de plomb, dans les entailles pratiquées sur le bord inférieur des pièces qui forment les extrémités d'un encadrement de bois. Une traverse, également munie de petites entailles proportionnées au volume des baguettes, occupe le milieu du cadre qu'elle contribue à consolider, en même temps qu'elle soutient le clayonnage de verre. Les dimensions de cette claie doivent être en rapport avec l'intérieur de l'auge, de telle sorte que l'on puisse sans efforts la mettre en place ou la retirer, manœuvre à laquelle on est quelquefois obligé de se livrer durant l'incubation et que facilite la présence d'une anse de fil de fer étamé à chaque extrémité du cadre. C'est sur les supports saillants dont la rigole factice est pourvue ou sur de petites cales mobiles que repose cette claie.

Elle est donc à 2 ou 3 centimètres au-dessous du niveau de l'eau et se trouve par conséquent beaucoup plus rapprochée de la surface que du fond.

« La structure bien simple de cette claie permet de remédier très facilement aux accidents qui peuvent survenir. Si l'une des baguettes qui la forment se brise, on répare sans peine le mal, en soulevant, d'un côté seulement, la lame de plomb, en mettant une baguette intacte à la place de la baguette brisée et en pressant ensuite sur le plomb pour le ramener sur le clayonnage et le consolider. Du reste cette partie de l'appareil est bien moins fragile qu'on ne pourrait le supposer. Aucune des nombreuses claies dont je me suis servi l'an dernier n'ont eu, durant quatre mois qu'elles ont fonctionné, de réparations à subir.

« On peut arranger de plusieurs manières les auges pourvues de claies pour en former un appareil, mais la disposition la plus convenable consiste à les étager à côté les unes des autres sur un double rang de gradins se correspondant comme le feraient les marches d'un double escalier. La rigole qui occupe le gradin le plus élevé sert, selon les besoins, de ruisseau à éclosion ou de filtre, si les eaux que l'on emploie ne sont pas très pures; dans ce dernier cas, après avoir enlevé la claie, on remplit cette auge de charbon pilé, de sable fin ou d'herbes aquatiques. Ce ruisseau médian doit être muni, vers l'extrémité opposée à celle par où lui arrive l'eau, de deux gouttières au lieu d'une seule : l'une à droite, l'autre à gauche. L'eau se trouve ainsi divisée en deux courants, qui tombent dans les auges latérales où, au moyen de gouttières alternes, le liquide serpente, s'aérant de chute en chute à mesure qu'il parcourt les divers compartiments de chacune des ailes de cet appareil, et se déverse enfin de chaque côté, soit dans un tuyau qui le conduit à un réservoir ou à un ruisseau d'écoulement, soit dans une grande cuvette de bois qui le laisse échapper par un tube de décharge.

« La cuvette sur laquelle est dressé l'appareil n'est pas absolument nécessaire ; cependant elle est une condition de propreté. A ce titre on fera bien de l'adopter partout où l'on voudra éviter l'humidité produite par l'eau qui suinte, quelque soin que l'on apporte dans l'ajustement des rigoles, et surtout par celles qui débordent, soit lorsqu'on active les courants, soit pendant les manœuvres auxquelles on est obligé de se livrer pour retirer les jeunes œufs entassés au fond des auges, pour enlever et nettoyer les claies, etc.

« La longueur de cette cuvette varie nécessairement selon le nombre d'auges qu'elle doit recevoir.

« Que l'on adopte ou non cette cuvette, il faut, pour la facilité du service, que la table ou tout autre support sur lequel on établit l'appareil ait en élévation de 80 à 90 centimètres environ, de telle sorte que l'auge la plus basse ne se trouve pas tout à fait à hauteur d'appui ; et la plus élevée à 1^m,30 à 1^m,40 du sol. Dans cette position, rien n'échappe à la vigilance d'un surveillant ; il a constamment les œufs sous l'œil, et son action peut s'exercer aisément sur tous les points. »

Chaque opérateur a apporté quelques modifications

à l'appareil Coste, les uns ont agrandi les auges, les ont faites en bois ou en ciment, remplacé les baguettes en verre par des claies en toile métallique, par des plaques de zinc perforées, d'autres les ont même supprimées complètement et ont simplement déposé les œufs sur une couche de sable au fond de l'appareil; nous n'essayerons pas de décrire ces nombreuses modifications, nous renvoyons le lecteur aux travaux de M. Raveret-Wattel parus dans le Bulletin de la Société d'Acclimatation où ils en trouveront une longue nomenclature.

Les apprentis pisciculteurs, qui lors de leurs débuts hésitent souvent à faire l'achat d'appareils, seront heureux de connaître une méthode assez simple d'établir des augettes Coste. Ce mode de construction a été indiqué par M. Blanchet, de Grenoble, lors de sa louable tentative de repeuplement des lacs de Laprat. — On se procure chez un marchand de porcelaine des poissonnières en terre rouge très communes[1], qui coûtent un prix très modique. Avec une mèche on perce sur le haut de la paroi de devant un trou dans lequel on fixe un petit tube en verre à l'aide d'un mastic à la gomme-laque. Une feuille de plomb coupée, de mesure et suspendue verticalement dans l'augette, à l'aide de deux petits crochets en fil de fer galvanisé, non loin de la paroi du côté de laquelle arrive l'eau, suffit pour forcer l'eau à parcourir le fond au lieu de rester à la surface. Pour

---

1. On en trouve facilement des mesures suivantes : 50 centimètres de long sur 16 de large et 15 de profondeur. — Ce sont les dimensions à adopter.

porter les œufs, on prend une toile métallique soigneusement galvanisée, de grosseur de mailles appropriée, que l'on suspend, immergée à quelques centimètres de la surface, avec quatre crochets de fil galvanisé.

En plaçant trois ou quatre de ces auges en échelons les unes au-dessus des autres, on a un appareil Coste parfaitement établi à peu de frais.

Auge californienne. — Avec les augettes Coste, comme du reste avec tous les appareils à courant d'eau horizontal, le mouvement de l'eau ne doit pas être très rapide, car il accumulerait tous les œufs vers l'orifice du bas.

Or pour peu que l'eau soit trouble, cette eau laisse déposer sur les œufs des sédiments nuisibles qui nécessitent de fréquents nettoyages. Un courant vertical, traversant de bas en haut les claies chargées d'œufs, tend moins dans son mouvement à déplacer ceux-ci. On obvie ainsi à l'inconvénient signalé plus haut tout en donnant une plus grande quantité d'eau, d'oxygène par conséquent. — Nous ne nous étendrons pas plus longtemps sur cette théorie et nous signalerons seulement les principaux avantages de l'auge californienne qui sont : 1º de ne pas exiger un filtrage aussi énergique de l'eau que le nécessitent les appareils Coste; 2º de permettre un facile nettoyage des œufs en incubation; 3º enfin de fournir aux œufs beaucoup d'oxygène, ce qui donne des alevins plus vigoureux.

M. Raveret-Wattel a été le premier à recommander cet appareil, qui peut être employé pour l'éclosion de

toutes espèces d'œufs non adhérents; il est solide
économique et d'un usage commode.

L'appareil (fig. 35), soit en zinc, soit en tôle émaillée,
se compose d'une caisse C de 25 centimètres de longueur sur 30 centimètres de largeur et 15 centimètres
de hauteur, pourvue d'un goulot ou ajutage E et d'un
fond en toile métallique [1] formant tamis, sur lequel
se placent les œufs. La caisse extérieure B est de
10 centimètres
plus longue et
plus haute; elle
est munie, elle
aussi, d'un gou-
lot dans lequel
s'adapte exacte-
ment celui de la
caisse C. Cette
dernière est gar-
nie dans le haut

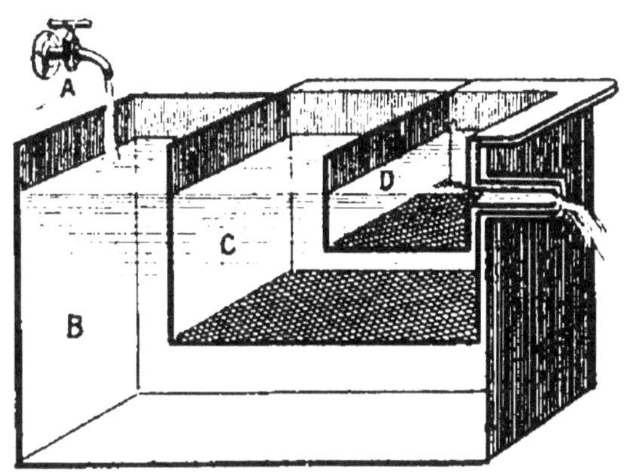

Fig. 35. — Auge californienne.

d'un rebord horizontal qui dépasse le bord supérieur
de la caisse extérieure, quand on les place l'une dans
l'autre. Pour que les deux goulots se joignent bien
hermétiquement, sans laisser pénétrer l'eau, on place
entre eux un morceau de frise de laine; néanmoins,
la caisse C doit avoir assez de jeu pour pouvoir être
facilement mise en place ou retirée de la caisse B.

Il importe que la toile métallique du fond soit d'un
tissu suffisamment serré pour que ni les œufs, ni les
embryons, au moment de l'éclosion, ne puissent

1. Ce fond peut aussi être fait d'une feuille de zinc percée
d'une multitude de petits trous, comme une passoire.

passer au travers; six fils par centimètre donnent la
grandeur voulue aux mailles du tissu, lequel est soigneusement verni ou galvanisé pour éviter toute
oxydation.

L'eau qui alimente l'appareil est amenée par un
robinet A [1] dans la caisse B; elle traverse en remon-
tant d'abord la caisse C, ainsi que la couche d'œufs
qui repose sur le fond de la toile métallique, puis la
caissette D, également à fond de toile métallique,
et va sortir par le goulot. La caissette D a pour
but d'empêcher les alevins de sortir après leur éclosion.

Un couvercle placé sur la boîte protège les œufs
contre la lumière et contre toute chance d'accidents.
Afin de laisser pénétrer l'eau, ce couvercle n'a que la
longueur de la boîte intérieure E.

L'auge californienne demande plus d'eau que l'appareil Coste, il lui faut près de 3 litres à la minute.
On peut aussi disposer plusieurs de ces appareils en
gradins de manière à ce que l'eau retombe de l'un à
l'autre.

Une auge de la dimension indiquée plus haut peut
recevoir à la fois jusqu'à 10 000 œufs de truite ou de
corégone; mais ces chiffres sont des maxima qu'il
est toujours préférable de ne pas atteindre, l'appareil
n'en fonctionne que mieux; du reste le nombre des
œufs doit toujours être subordonné à la température

---

1. Pour des œufs de truite et de saumon le débit de ce robinet
doit être au minimum de 2 litres et demi à 3 litres par minute.
Pour des œufs de corégone, il peut être réduit à un demi-litre
environ par minute.

de l'eau; avec une eau de 8 degrés, il ne serait pas prudent de mettre des quantités aussi considérables.

Dans les grands établissements de pisciculture, on établit des tables ou rigoles d'incubation, auges de très grandes dimensions qui garnissent les côtés du laboratoire; ces rigoles sont soit en ciment, pierre de taille, ou bois silicaté; le fond en est garni soit de

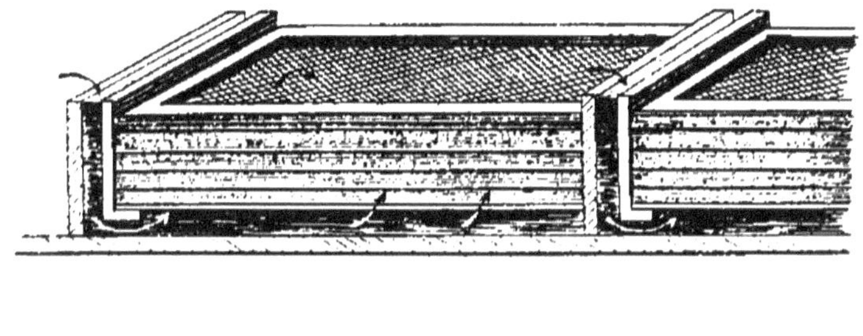

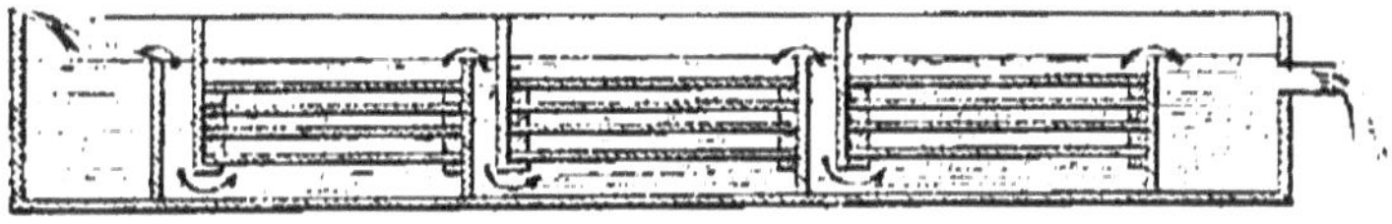

Fig. 36. — Rigole Williamson.

sable ou de cailloux, soit de claies garnies de baguettes de verre ou de toile métallique.

M. Williamson a trouvé le moyen de donner aux rigoles d'incubation le mouvement ascendant de l'auge californienne; il les divise (fig. 36) en boîtes rectangulaires à fond à claire-voie, dans chacune d'elles sont superposées quatre ou cinq claies en toile métallique portant les œufs. La hauteur des bords de ces boîtes à l'avant et à l'arrière est calculée de manière à ce que l'eau s'échappant de l'une pénètre dans l'autre par le bas pour en ressortir par le haut en passant au travers des claies sur lesquelles sont disposés les œufs.

En résumé, nous recommanderons aux personnes qui n'ont pas un laboratoire à leur disposition ou un endroit à l'abri de la gelée où on puisse installer les appareils, les boîtes de Jacobi, Coste, Brenosa ;

Aux petits laboratoires possédant beaucoup d'eau, l'auge californienne ou les nombreux appareils que l'on a construits sur ce principe, et les auges Coste lorsque l'eau est rare.

Aux grands établissements, les rigoles d'incubation.

Soins à donner aux œufs pendant l'incubation. Outils du pisciculteur. — Le principal travail du pisciculteur consiste pendant la durée de l'incubation à enlever les œufs morts, ainsi que toutes les matières nuisibles, les détritus de plantes, etc., qui ont pu pénétrer dans l'appareil.

Quelques instruments fort simples lui facilitent ce travail.

Fig. 37. — Pince américaine.

Ce sont d'abord de longues pinces en bois qui lui permettent de fouiller tous les recoins de l'auge, pour enlever les corps étrangers.

D'autres pinces spéciales lui permettent de prendre les œufs ; de longues pinces américaines (fig. 37) terminées par une cuiller de cuivre à chaque extrémité sont préférables aux brucelles ordinaires. En Angleterre, on se sert en général d'un petit instrument inventé par M. Francis de Turckenham. C'est une sorte de petit crochet (fig. 38) formé d'un fil de fer emmanché à un bouchon et l'autre extrémité en forme d'anneau ouvert. Un œuf de Salmonide peut se loger dans la boucle et on peut l'enlever sans craindre de blesser les autres œufs.

Un instrument indispensable est la pipette (fig. 39). La pipette du pisciculteur est pareille à celle dont on se sert dans les cabinets de physique.

Lorsqu'on voit flotter quelque détritus dont on veut s'emparer, on bouche avec le doigt l'extrémité supérieure de la pipette et l'on plonge l'extrémité inférieure au-dessus du corps que l'on veut saisir; soulevant alors le doigt qui bouche l'extrémité supérieure,

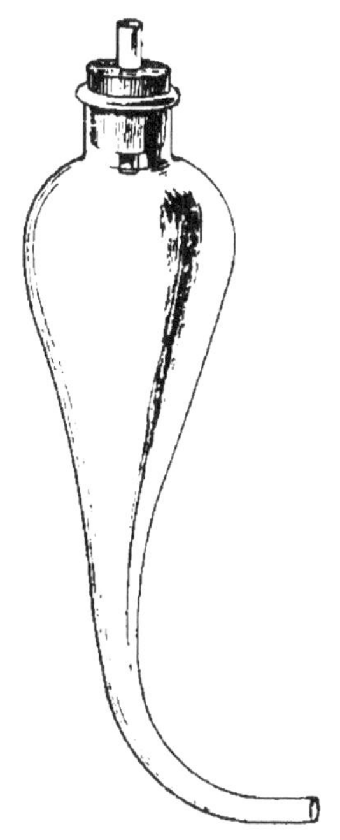

Fig. 38. — Crochet en fil de fer.

Fig. 39. — Pipette.

l'eau montera dans la partie renflée de la pipette pour regagner son niveau, entraînant avec elle l'objet. On place de nouveau le doigt sur l'ouverture supérieure pour empêcher l'eau de s'écouler et l'on retire la pipette.

Pour saisir les œufs et les alevins, une pipette à extrémité recourbée est aussi utile.

On peut à la rigueur remplacer cet instrument par

un simple tube en verre de 8 à 10 millimètres de diamètre que l'on manie comme la pipette.

Le siphon est très utile, avec un peu d'habileté on
peut s'en servir presque exclu-
sivement. Voici comment on
peut le fabri-
quersoi-même.

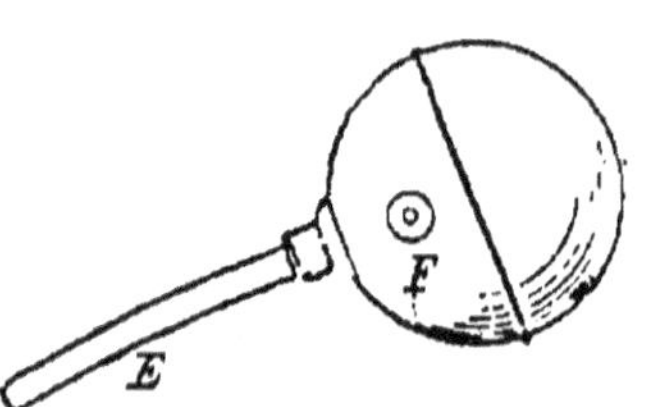

A l'un des bouts d'un tube en
caoutchouc pour gaz très flexible on adapte un tube en verre
de 6 à 7 millimètres intérieurement et de 15 à 20 centimètres
de long; voilà le siphon fabri-
qué. Surtout pas de bout effilé
qui blesserait les alevins. Pour
opérer, le siphon étant amorcé,
on dirige de la main droite le
tube de verre tandis que la main
gauche, en pressant le caoutchouc, arrête au besoin le courant si un œuf s'est engagé dans
le tube mal à propos.

Nous recommandons aussi le
siphon Radiguet (fig. 40) dont
une des branches est munie d'un

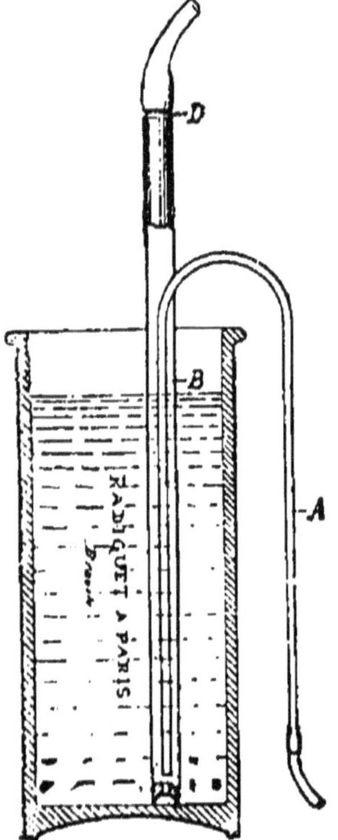

Fig. 40. — Siphon Radiguet.

tube en caoutchouc terminé par une boule de même
matière.

Pour amorcer, placer la grosse branche dans le
récipient à vider, puis presser vivement la boule

deux ou trois fois; lorsque le liquide coule par le petit tube extérieur, il faut cesser d'appuyer sur la boule soufflante.

Pour désamorcer, presser la boule très vivement trois ou quatre fois.

Un petit filet ou mieux pochette en gaze sert à prendre les alevins.

Ajoutons à ces instruments une loupe qui permet au pisciculteur d'examiner les œufs et rechercher s'il n'y a pas un commencement de maladie.

Les soins à donner aux œufs pendant l'incubation consiste surtout en une surveillance constante; il faudra s'assurer que l'eau qui pénètre dans les appareils soit d'une pureté satisfaisante, qu'elle y arrive en quantité suffisante.

Les pisciculteurs anglais considèrent qu'il faut environ 40 litres à la minute par 100 000 œufs de truite. Ils donnent un tiers en plus pour le même nombre d'œufs de saumon et le quart seulement au contraire pour les œufs de *Salmo fontinalis*. Pendant les premiers temps de l'incubation, la quantité d'eau peut être réduite sans inconvénient; mais plus tard et surtout à l'approche des éclosions, il y a tout avantage à donner le plus de courant possible. Si l'eau n'est pas ce qu'on pourrait le désirer, l'abondance compense en partie la fraîcheur; si au contraire la température est très basse, plus l'eau est courante, moins elle est susceptible de se congeler dans les appareils; or il suffirait de quelques glaçons interrompant momentanément la circulation de l'eau pour faire périr tous les œufs par asphyxie (Raveret-Wattel).

C'est aussi pour éviter ces chances de gel que l'on établit les laboratoires dans les sous-sols, mais si la situation de l'établissement ne permettait pas d'installer les appareils dans un endroit où toute chance de gel soit écartée, il faudrait maintenir une température juste supérieure à 0 à l'aide d'instruments de chauffage.

Il faut laisser les œufs dans une obscurité plus ou moins complète, un rayon de soleil frappant pendant quelques instants sur les œufs fait périr les embryons. On éclaire par conséquent très peu les laboratoires ou on recouvre les appareils de planches ou de volets en bois.

Pendant la première période, c'est-à-dire jusqu'au moment où l'on voit sur les œufs les deux petits points noirs qui sont les futurs yeux de l'alevin, il faut les laisser dans l'immobilité et ne leur faire subir d'autres déplacements que ceux que l'on ne peut éviter en enlevant les œufs morts.

Après cette époque on peut faire sans danger toutes les manipulations nécessaires et tant que l'éclosion n'est pas commencée il n'y a même pas d'inconvénient à sortir les œufs de l'eau pendant quelques minutes pour opérer le nettoyage de l'auge et de son fond.

Ce sont en effet ces soins de propreté et de triage des œufs morts qui sont les plus importants, tout corps étranger tombé dans l'appareil doit être enlevé avec les instruments indiqués plus haut.

Les œufs morts, qui se reconnaissent à leur coloration blanc mat opaque, doivent être retirés.

Ceux qui présentent des taches blanches indiquant un commencement de maladie ou de développement de *byssus* doivent être aussi retirés, car la maladie ou la végétation cryptogamique s'étendrait à tous les œufs de l'appareil.

On voit parfois sur la coque des œufs un point blanc *brillant* qui ne présage pas la mort de l'alevin.

Les œufs, quelque pure que soit l'eau, se couvrent quelquefois de sédiments, on peut les nettoyer en passant légèrement sur eux les barbes d'une plume ou les poils soyeux d'un pinceau, ou encore, en les sortant de l'eau, les laver par un abondant et copieux arrosage en pluie très fine.

Il faut manier les œufs avec précaution, surtout si on les saisit avec la pince, il faut avoir soin d'exercer le moins de pression possible, car ils sont très fragiles, surtout à l'époque de l'éclosion où la moindre pression peut les faire crever.

Il faut éviter que les œufs ne soient entassés les uns sur les autres et pour cela dans les auges du système Coste le courant ne doit pas être assez fort pour les soulever.

S'ils se déplacent, le meilleur instrument pour les reporter sur la claie est une vulgaire plume ramassée dans la basse-cour.

En somme toutes ces opérations peuvent se résumer en surveillance, maintien de l'eau courante, enlèvement des œufs morts, malades ou *même douteux*, ainsi que de toutes les matières étrangères qui ont pu pénétrer dans les auges.

Une demi-heure ou quarante minutes par jour en

deux ou trois reprises suffisent pour ces opérations dans un laboratoire où une quarantaine de mille œufs sont en incubation.

On était, aux débuts de la pisciculture artificielle, très fier et très heureux d'obtenir des rendements de 60 et 65 pour 100, aujourd'hui le 85 pour 100 est couramment obtenu et des éclosions de 90, 95 et 98 pour 100 sont fréquentes.

Maladies et ennemis des œufs. — L'impureté des eaux, les variations brusques de la température, une lumière trop vive [1], un trop grand entassement dans les appareils sont les principales causes des maladies.

Un œuf gâté, comme nous l'avons dit, se reconnaît aux taches opaques qui recouvrent sa coque [2] et la rendent bientôt entièrement opaque; un seul œuf laissé en contact avec les œufs sains peut contaminer tous les œufs d'un appareil ou d'une même auge; ils se couvrent tous de filaments et de moisissures.

Ceux dont les taches ne sont pas trop nombreuses et sont disséminées sur la surface peuvent être sauvés. On les retire de l'auge et on les met en incubation dans une eau légèrement salée. Cette propriété de l'eau salée est très curieuse : ainsi que l'a démontré M. Millet, elle guérit les œufs malades, tandis qu'au contraire elle a une action néfaste sur les œufs sains.

Les œufs sont souvent attaqués par des végétations microscopiques; nous citerons en premier lieu les confines et plus particulièrement le *Leptomitus clavatus*,

---

1. Pour les œufs de Salmonides seulement.
2. Il y a toutefois des œufs qui sont naturellement opaques, tels que ceux d'Apron, de Vandoise et de Saumon.

algue infime qui recouvre les auges et les lacs d'alevinage d'un tapis brun vert qui attaque rapidement les
œufs eux-mêmes[1], les *Synedra*, les *Vauchera*, les
Méridions, enfin le *Byssus argenteus*, la terreur des pisciculteurs.

Le *Byssus* est généralement produit par un trop
grand entassement des œufs, il se propage avec une
rapidité inouïe; un œuf atteint du byssus est facilement reconnaissable, ce cryptogame forme autour de
lui une auréole cotonneuse caractéristique.

Il faut immédiatement enlever les sujets atteints.

Les autres ennemis des œufs de poissons sont
nombreux; citons parmi les larves et les insectes de la
famille des *Hydrocanthares* : le *Dytique bordé* et sa
larve (*Dyticus marginalis*), l'*Hydrophile brun* (*Hydro-
philus piceus*), les larves de *libellules*, la *crevette d'eau
douce* (*Gammarus pulex*) qui, régal plus tard pour les
alevins, attaque et détruit un grand nombre d'œufs et
d'alevins n'ayant pas résorbé la vésicule.

Un petit ver (*Ascarides minor*) pénètre dans les œufs
et en dévore le contenu; on ne s'aperçoit de sa présence que lorsque la coque vidée vient flotter à la
surface (Pizetta).

Un grand nombre de poissons dévorent les œufs et
les alevins et n'hésitent même pas à manger leur propre

---

1. Nous possédons, dit Koltz, deux remèdes très énergiques
contre cet oïdium du pisciculteur : ce sont une eau courante et
rapide, et la suppression de la lumière; mais, tandis que le
premier ne peut s'employer que sur la famille des Salmones, le
second est d'une efficacité certaine et ne présente aucun danger
pour la couvée et peut être appliqué partout. Le manque de
lumière est un très grand empêchement à la multiplication des
végétaux parasites.

progéniture; ce sont non seulement le brochet, les perches, les salmonides, mais aussi les poissons qui ne passent pas pour être carnassiers comme la carpe et le chevesne.

Les *grenouilles*, les *tritons*, les *rats* et les *souris* sont de grands destructeurs d'œufs de poissons, ainsi que tous les oiseaux aquatiques. Le pisciculteur doit se mettre en garde contre ces nombreux ennemis par une surveillance incessante.

CHAPITRE VIII

MULTIPLICATION ARTIFICIELLE DES TRUITES ET AUTRES SALMONIDES NON MIGRATEURS (suite).

V. Éclosion. — VI. Alevinage. — VII. Transport des alevins. — VIII. Mise en liberté. — IX. Maladies et ennemis des Alevins. — X. Multiplication des Ombres et Corégones. — XI. Transport des adultes.

V. — Éclosion.

L'éclosion met fin à l'incubation ; elle a lieu lorsque le développement de l'embryon est complet. Ses mouvements deviennent de plus en plus rapides, il use ainsi la coque qui le retient prisonnier ; l'éclosion d'une même fécondation dure deux jours environ, tout le travail du pisciculteur consiste à enlever les coques d'œufs qui corrompraient l'eau et obstrueraient la grille de sortie ; pour faciliter l'éclosion, quelques auteurs conseillent d'augmenter de quelques degrés la température de l'eau en l'agitant doucement.

A ce moment le jeune saumon n'a que 15 millimètres à 2 centimètres de longueur ; la truite 12 à 16 millimètres.

Ils apportent en eux-mêmes en naissant les aliments de leur première nourriture renfermés dans une espèce de sac ou de poche de forme arrondie appelée vésicule ombilicale (fig. 41 et 42); à la naissance cette poche ronde, légèrement allongée, est plus grosse que l'alevin lui-même qui la porte attachée sous son ventre. Au fur et à mesure de l'absorption des aliments qu'elle contient, l'alevin grossit, la poche diminue de volume et le jeune poisson, allégé du poids qu'il traînait avec lui, quitte le fond où il s'était tenu pendant les premiers jours de sa vie, s'élève dans l'eau et commence à nager. Peu à peu la vésicule diminue et elle rentre graduellement dans l'abdomen où elle devient une partie de l'intestin. Cette période dure de trente-cinq à cinquante jours chez la truite et le saumon.

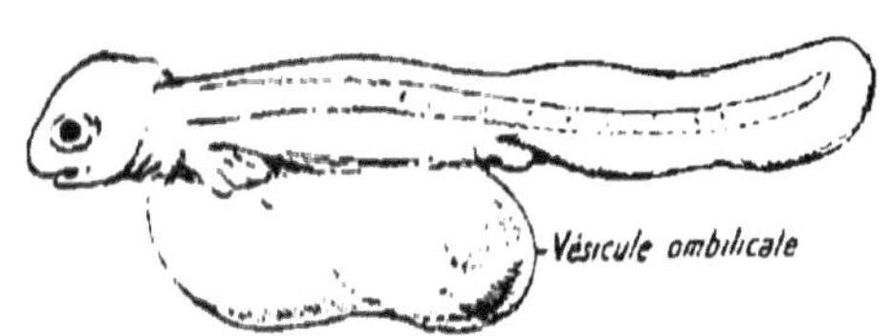

Fig. 41. — Alevin de truite nouvellement éclos grossi quatre fois.

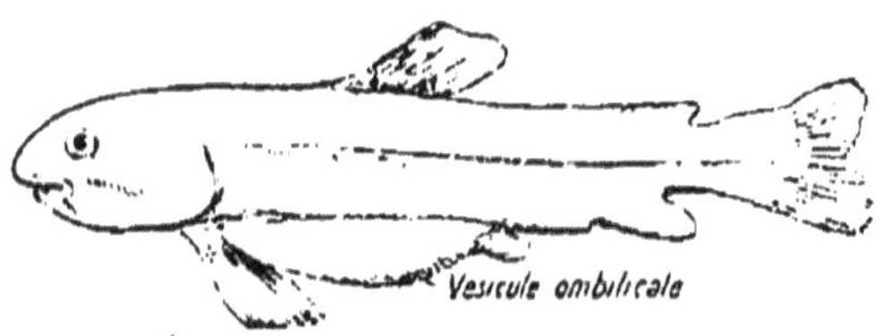

Fig. 42. — Le même à six semaines grossi quatre fois.

Mais si les alevins durant tout ce temps n'ont pas besoin de nourriture, ils ont encore plus besoin que les œufs d'air et d'oxygène, d'une eau claire et limpide, d'une propreté parfaite; il faudra aussi les maintenir comme les œufs dans une obscurité presque complète.

Les alevins se laissent entraîner constamment par le courant; aussi dès l'éclosion met-on des grilles à la sortie des appareils pour éviter qu'ils ne s'échappent, mais souvent, ne pouvant résister à la force du courant, ils s'y amassent, les obstruent, arrêtent l'écoulement et font ainsi déborder l'auge, et s'échappent de cette manière.

M. Blanchet, de Grenoble, a imaginé le dispositif suivant : il laisse les sorties des auges absolument libres de manière à ce que les alevins fréquemment entraînés par le courant puissent retomber dans l'eau de la cuve suivante. Sous la dernière chute, on place dans un vase creux quelconque une passoire émaillée, à trous fins dépassant les bords du vase, de laquelle les poissons tombés ne peuvent s'échapper, et chaque jour on remet le contenu de la passoire dans la première cuve. « J'indique, nous dit-il, ce moyen de ne pas perdre d'alevins parce que je ne l'ai trouvé dans aucun manuel et que c'est le seul que j'ai constaté parfaitement efficace. »

Nous reconnaissons avec M. Blanchet l'excellence de ce moyen et nous nous empressons de l'insérer ; nous regrettons que le cadre restreint de ce volume ne nous permette pas de reproduire au long son intéressant et pénible essai d'empoissonnement des lacs de Laprat, à 2182 mètres d'altitude, et d'être forcé de renvoyer le lecteur au numéro du 20 novembre 1890 de la *Revue des sciences naturelles appliquées* ; nous souhaiterions de voir l'exemple de ce pionnier de la pisciculture suivi par d'autres personnes ; avec de pareils bonne volonté et dévouement la pisciculture ferait de rapides progrès.

VI. — **Alevinage ou Élevage**.

Dès la résorption de la vésicule les alevins demandent de la nourriture et des espaces plus vastes que les appareils d'incubation dans lesquels ils ont été parqués jusqu'à ce moment.

Certains pisciculteurs pensent que c'est le moment favorable pour la mise en liberté des alevins; à ce moment ils sont vifs, agiles, capables d'échapper aux dangers beaucoup mieux même que s'ils sont de fortes dimensions. Ils ajoutent qu'ils s'acclimatent de suite aux eaux qu'ils doivent peupler et n'ont pas à souffrir d'un changement d'habitation et de nourriture qui plus tard se fait péniblement sentir.

Les Anglais sont fort partisans de cette méthode qu'ils emploient couramment pour les alevins de saumons pour les raisons suivantes :

1° Difficulté de les nourrir et dépense assez forte;

2° Mortalité très grande des alevins maintenus dans les bacs malgré les soins les plus minutieux ;

3° Développement moins rapide que chez les alevins en liberté;

4° Habitude d'être nourris articiellement qui leur enlève une partie de leur instinct et de leur habitude à chercher une proie; ignorance des dangers, des moyens de se soustraire à leurs ennemis.

Les pisciculteurs qui n'adoptent pas cette rapide mise en liberté nourrissent pendant quelque temps les alevins et les placent dans des bassins spéciaux de formes diverses et variées suivant les circonstances.

Bacs d'alevinage. — Pendant environ les trois à cinq premiers mois de leur élevage les alevins sont placés dans des bacs d'alevinage, plus tard on les place dans des bassins d'élevage. Les dimensions de ces bassins sont en général de 1 mètre à $1^m,50$ ou 2 mètres de longueur sur 30 à 50 centimètres de large et 25 à 30 centimètres de profondeur.

Aux États-Unis, on attache beaucoup d'importance à la forme des bassins d'alevinage : on cherche généralement à éviter soit les formes carrées, soit les formes plus ou moins circulaires pour obtenir autant que possible un courant dont la direction en zigzag facilite l'aération et égalise la température du liquide. En Europe, au contraire, on adopte les formes rectangulaires.

Les pisciculteurs emploient les uns des bacs en tôle, en zinc, en tôle émaillée ou galvanisée, en brique, en ciment, en verre gaufré avec des ossatures en fer à cornière; les autres, et c'est la généralité, des bacs en bois passés au coaltar ou flambés afin d'éviter la multiplication de végétations cryptogamiques.

Tous ces bacs sont garnis au fond d'une couche de 10 centimètres de gravier de rivière préalablement lavé et passé à l'eau bouillante pour détruire tous les germes qui pourraient y être fixés.

Quel que soit le modèle employé, on doit ménager des retraites sous lesquelles les alevins puissent trouver de l'ombre; on peut disposer dans ce but quelques pierres en tas, des tuiles creuses placées au fond du bac, des refuges en terre cuite spécialement établis, l'essentiel est que les ouvertures de passage soient calculées de manière à ce qu'il reste toujours des parties sombres en dedans. Un vase quelconque renversé avec quelques brèches sur le fond suffit parfaitement.

Un certain courant est nécessaire pour alimenter ces bacs et fournir l'oxygène nécessaire aux alevins; on peut les disposer en gradin comme les auges Coste, l'eau tombant d'un bac dans un autre forme une petite cascade où elle s'aère, une planche légèrement inclinée force l'eau à s'étendre en nappe mince. Plus la différence de niveau entre les bacs est grande, plus l'eau s'oxygènera, une chute de $0^m,20$ est pourtant considérée comme suffisante. Il est bon de placer dans les bacs quelques plantes aquatiques qui, elles aussi, dégagent de l'oxygène.

Les alevins de Salmonides ne prennent généralement pas leur nourriture au fond du bac, ils ne la saisissent que lorsqu'elle passe à leur portée; lorsqu'on les nourrit avec des matières animales, la presque totalité des parcelles qui ont atteint le fond du bac ne sont pas utilisées, il s'ensuit qu'il faut fréquemment nettoyer le fond des bacs pour éviter que les débris de nourriture ne vicient l'eau et ne fassent périr les alevins.

Pour éviter cet inconvénient, M. Raveret-Wattel se sert pour bacs d'alevinage de caisses rectangulaires dont le fond est constitué par une feuille de zinc perforé et dont les deux côtés (les deux extrémités) sont faits de toile métallique. Elles sont aussi munies d'un couvercle en toile galvanisée qui met les poissons à l'abri de la visite des oiseaux aquatiques, tout en les maintenant dans une demi-obscurité.

On place la caisse dans de petits ruisseaux alimentés par de l'eau de source où foisonnent une multitude de petits animaux et principalement de crevettes d'eau douce; on la laisse flotter et s'il n'y a pas assez d'eau dans le ruisseau, on l'établit de manière à ce que le fond soit surélevé et ne touche pas le fond du ruisseau.

Grâce à ce dispositif, les parcelles de viande et autres matières non consommées tombent au fond de la caisse, n'y séjournent pas et n'y forment point de dépôts nuisibles, continuellement en mouvement les alevins la font tamiser par les trous du fond en zinc et effectuent eux-mêmes un nettoyage parfait. D'un autre côté ces parcelles de viande tombant à travers le fond sous la caisse y attirent une multitude de crevettes qui viennent s'y repaître, les plus petites passent par les trous du zinc et viennent dans la caisse se faire manger par les jeunes alevins.

On s'appliquera de ne mettre ensemble dans un même bac que des alevins de taille à peu près semblable; ceci est indispensable, car l'on verrait chez les Salmonides les plus gros manger les plus petits.

Il est aussi bon de faire au moins une fois par mois un triage parmi les alevins et de les classer suivant leur taille.

Nourriture. — Dès la résorption de la vésicule, deux ou trois jours même avant cette résorption complète, les alevins demandent à manger; la nourriture des alevins est une des questions des plus importantes pour le pisciculteur : trouver des aliments appropriés, économiques, faciles à se procurer, tel est le problème que chacun cherche à résoudre. Nous pouvons diviser les aliments dont on use généralement en deux classes :

1° Nourriture artificielle ou par le mort, c'est-à-dire au moyen du corps ou des débris des animaux morts ou tués, frais ou conservés (nourriture qu'ils ne trouvent pas à l'état de nature);

2° Nourriture naturelle ou par le vivant au moyen d'animalcules, insectes, petits animaux, etc. (nourriture semblable à celle qu'ils trouvent d'eux-mêmes dans les eaux qu'ils habitent).

Nourriture artificielle. — La nourriture artificielle est, si elle n'est pas la plus économique, celle qu'on a le plus aisément sous la main, malheureusement elle ne remplace pas absolument la nourriture vivante, mais souvent on est obligé de s'en contenter; par un choix judicieux des aliments, on en peut obtenir de bons résultats. Une fois qu'on a adopté un genre d'alimentation, il faut le continuer, tout changement de nourriture est très difficilement accepté par les jeunes alevins et seulement après un long jeûne qui influe sur leur développement et leur santé.

Foie. — Facile à se procurer, le foie se donne soit cru, soit bouilli, après avoir été passé au travers d'un crible de manière à retenir les parcelles trop grosses; il a le grand défaut de salir énormément les bacs et d'obliger à de fréquents nettoyages. Les parcelles de foie que les jeunes alevins cherchent à happer viennent aussi se coller à leurs branchies et déterminent de fréquentes asphyxies.

Débris de poisson, poissons conservés ou salés. — Les pisciculteurs situés près des lieux de pêche trouveront une nourriture saine, hygiénique et économique dans les débris ou déchets de poissons frais qu'ils pourront se procurer dans les marchés. Cette nourriture n'étant pas à la portée de tous, nous recommanderons les poissons salés que l'on peut trouver chez l'épicier; cette nourriture réussit très bien, mais il y a énormément de déchets. M. Koltz recommande la chair de grenouille écrasée et réduite en poudre très fine.

Cervelles. — Les cervelles de bœufs ou de chevaux sont une très bonne nourriture, on les écrase et on les délaie avec de l'eau, puis on les passe au travers d'un linge de mousseline. M. Blanchet, de Grenoble, les salait avant de les donner aux jeunes poissons. La faible densité de la cervelle ne lui fait pas gagner le fond des appareils aussi rapidement que les autres matières, les alevins ont donc plus le temps de la saisir, le déchet est moindre et les bacs sont salis moins rapidement.

Jaunes d'œufs. — Les jaunes d'œufs cuits durs finement hachés et passés au travers d'un fin tamis sont recommandables mais, évidemment, c'est une nourriture assez coûteuse.

Rates. — Les rates produisent d'excellents effets, on emploie plus spécialement la rate de veau pour les alevins du tout jeune âge, on la considère comme étant plus délicate, plus légère.

Pisciculteur.   11

Les rates se donnent cuites ou crues, débarrassées de la membrane extérieure; finement hachées, puis pilées au mortier, elles donnent une sorte de pulpe sanguinolente qui se divise parfaitement dans l'eau en ne salissant pas les appareils et qui est très recherchée par les alevins à peine débarrassés de leur vésicule ombilicale:

Tout en étant saine c'est une nourriture économique : une rate de 20 à 30 centimes peut alimenter les premiers temps 10 000 alevins pendant deux ou trois jours.

Sang. — Le sang frais est mangé avidement par les alevins, mais il a l'inconvénient de troubler l'eau des bacs et de recouvrir les parois des appareils d'une couche visqueuse.

Caillé et finement haché il est tout aussi apprécié, mais il n'est pas sans danger, il fait périr une partie des alevins; leurs ouïes enflés forment un bourrelet blanc très saillant et les plus grosses pièces montent à la surface, nullement endommagées, encore pourvues de toutes leurs belles couleurs, mais asphyxiées; le sang dilué par l'eau pénètre dans les branchies et les obstrue. On pourrait remédier à cet inconvénient en lavant le sang à grande eau avant de l'employer, mais ce sera toujours en cet état une nourriture délicate à donner dans des bassins fermés de petites dimensions.

Le sang cuit ne présente pas ces inconvénients. Voici une formule de préparation due à M. Nadaud, directeur de l'école départementale de Limoges, parue dans le *Bulletin de pisciculture pratique* du

1er mars 1888. « Laisser coaguler le sang, prendre le sang rouge, le faire cuire au bain-marie, dans un vase très étroit, et dès qu'il est cuit, c'est-à-dire quand il n'est plus rouge au milieu, le retirer en veillant à ne pas le laisser trop cuire, car il deviendrait trop sec et la truite ne le mangerait plus. Prendre ensuite le sérum ou la partie du sang qui reste liquide, la faire cuire de la même façon et dès que le milieu est coagulé, le retirer promptement, car il cuit beaucoup plus vite. Faire passer, l'un après l'autre, le sang rouge et le sérum au travers d'une passoire, les mélanger avec soin, en salant un peu, et bien pétrir le tout pour en former une pâtée qu'on verse ensuite dans de grands pots, en ayant soin de ne pas laisser d'air à l'intérieur et de recouvrir le tout d'une couche d'eau saturée de sel de cuisine. Par ce moyen on obtient une nourriture qui se conserve et que les Salmonides mangent très bien.

« C'est après bien des essais que je suis arrivé à employer ce procédé, qui a l'avantage de ne coûter que celui de la cuisson. J'ai remarqué que le meilleur sang est celui de veau : celui de bœuf et de mouton est trop sec. Pour faire manger cette pâtée aux alevins il suffit de la faire passer au travers d'une passoire plus ou moins fine, suivant l'âge des poissons, ce qui donne un petit vermicelle assez engageant et très facile à absorber. Un morceau pris n'est jamais rejeté, ce qui arrive quelquefois avec la viande hachée. Pour les truites plus fortes qui atteignent 8 à 10 centimètres, il faut prendre cette pâtée dans la main et en former des boulettes plus ou moins grosses. »

M. Raveret-Wattel a obtenu de très bons résultats avec le sang conservé de la maison Voitellier. Ce produit, qui est préparé surtout pour l'élevage des oiseaux de faisanderie et de basse-cour, convient très bien pour la nourriture des alevins. Son emploi évite toutes manipulations et remplace toutes les autres substances qu'il est quelquefois difficile de se procurer en quantité suffisante lorsqu'on est éloigné d'un grand centre.

De conservation indéfinie, toujours prêt à être consommé, il est d'un emploi très commode qui en fait un produit des plus recommandables.

Sa consistance est celle d'une pâte épaisse de couleur brune, qu'on délaye avec un peu d'eau avant de la donner aux alevins, ceux-ci l'acceptent immédiatement.

Viande. — La viande peut aussi servir de nourriture aux alevins, ce n'est pourtant pas un aliment très recommandable pour les tout jeunes poissons et il vaut mieux leur donner une des délicates nourritures que nous venons d'énumérer, mais lorsqu'ils avancent en âge elle peut les remplacer. Par raison d'économie on emploie la viande de cheval que l'on peut saler pour assurer sa conservation. Cette salaison, loin de nuire aux alevins, leur est au contraire très utile. M. Rico a constaté que les truites qui recevaient cette viande salée se développaient plus rapidement que les autres.

Cette viande sera finement hachée.

Chrysalides de vers à soie. — Une nourriture que le pisciculteur qui habite les régions séricicoles de la France peut facilement se procurer à un très bas prix (si toutefois le filateur lui fait payer cette matière) consiste en chrysalides de vers à soie, qui restent dans les bassines des filatures après le dévidement de la soie du cocon. Ces chrysalides, que l'on écrase et fait passer au travers des trous d'un tamis, constitue une très bonne alimentation pour les alevins.

Aliments d'origine végétale. — Quoique les jeunes Salmones soient carnivores, on peut ajouter parfois des substances végétales aux aliments ci-dessus.

Le sang cuit peut être trituré avec avantage avec du son.

M. Massart mélangeait quelques grains de maïs cuit à la nourriture de ses petites truites.

Quelques pisciculteurs pilent les viandes fraîches de boucherie ou de poisson avec des biscuits de soldat ou des croûtes de pain.

Os. — Le phosphate de chaux est nécessaire à la formation du système osseux de tout animal; les poissons retirent un grand bénéfice de l'adjonction de cette matière à leur nourriture.

Il existe dans le commerce des phosphates assimilables tout préparés, mais le pisciculteur pourra obtenir lui-même ce produit en faisant calciner des os qu'il pilera soigneusement, cette poudre d'os mélangée à la nourriture des alevins a toujours produit de fort bons résultats.

Nourriture naturelle. — Tous les procédés d'alimentation artificielle sont coûteux; la pisciculture est une industrie et il faut calculer soigneusement les prix de revient de peur de faire fausse route, de plus ils sont insuffisants.

Plus on se rapproche de la nature plus on est près du succès, on peut se donner le plaisir de garder et d'élever quelques sujets par une nourriture plus ou moins coûteuse, mais pour la grande pisciculture, pour le repeuplement des eaux, il faut abandonner cette voie.

Les truites et les Salmonides en général se nourrissent à l'état sauvage d'une foule d'animalcules, insectes, petits crustacés et petits poissons qu'il serait très long de citer en totalité, mais parmi lesquels nous indiquerons les *crevettes d'eau douce* (*Grammarus pulex*), *Daphnies* (*Daphnia pulex*), les *cypris*, les *cyclopes* (*Cyclops quadricornis*), *larves de diverses mouches*, *œufs* et *alevins de poissons blancs*.

Trouver le moyen de produire artificiellement ces animalcules est certainement résoudre la plus grosse difficulté de la pisciculture et c'est à quoi se sont appliqués nos plus habiles pisciculteurs.

Daphnies. — Crustacés qui vivent dans les étangs et les eaux stagnantes, nagent par bonds au moyen de leurs pattes antérieures et passent l'hiver dans la vase.

La **Daphnie puce** (*Daphnia pulex*) de nos contrées est rouge pâle, la femelle mesure à peine 4 millimètres de longueur; elle se trouve quelquefois en si grande abondance dans les eaux qu'elles en colorent la surface en une teinte rougeâtre.

Leur propagation est prodigieuse, chaque femelle est apte à reproduire au bout de huit jours et chaque ponte est environ de 10 œufs, les animaux nés de ces œufs se reproduisent au bout de huit jours, donnent naissance à 10 nouvelles femelles, on voit d'ici la progression effrayante de ces animaux.

MM. Lugrin et du Roveray ont trouvé le moyen de s'assurer une production continue de daphnies par une préparation des bassins qu'ils tiennent secrète et qu'ils ont fait en partie breveter.

Ils nourrissent exclusivement de ces animalcules les élèves de leur piscifacture de Gremaz et les résultats obtenus sont merveilleux [1].

M. Rivoiron, de Servagette (Isère), a reconnu lui aussi l'avantage de ce genre de nourriture et a essayé d'obtenir la reproduction des daphnies dans de grands et coûteux bassins; les résultats obtenus ont été assez bons, mais il a reconnu l'inutilité de la dépense de ces bassins en maçonnerie et indique la manière simplifiée d'obtenir des daphnies que nous reproduisons d'après un mémoire de M. Chabot-Karlen présenté à la Société d'agriculture de France. « Creuser tout simplement dans le pré, sur le bord du ruisseau, deux, quatre, six bassins de 10 à 12 mètres de long sur 2 mètres de large et $1^m,50$ de profondeur, selon la quantité de daphnies à produire pour nourrir les alevins, était non seulement le plus simple, mais le meilleur.

« Un sol argileux sera préféré, afin que l'eau dont on remplira les bassins ne diminue que par l'évaporation.

« Dans ces réservoirs ainsi préparés, on déposera à la partie nord, car ils doivent autant que possible être creusés du nord au sud, on y déposera en mars

1. Voir Raveret-Wattel, *Renseignements sur l'établissement de Gremaz, Bull. de la Société d'acclimatation.*

un mètre cube de fumier frais (vache et cheval mélangé).

« Tous les jours l'eau devra être agitée jusqu'à ce qu'elle prenne une teinte légèrement bistrée, sans se corrompre surtout.

« L'appoint de cette teinte n'est point indifférent à la réussite des microscopiques êtres que, dans les premiers jours d'avril, on doit y déposer.

« A la température de + 25 degrés, chaque être donnera naissance tous les cinq jours à huit sujets, lesquels, au bout de quelques semaines, seront milliards de milliards.

« Pullulant à ce point que l'eau des bassins ressemblera à une véritable bouillie grouillante.

« Se multipliant jusqu'à + 32 degrés, ils résistent à des abaissements de température de 6 degrés.

« Se réfugiant au fond des bassins, qu'ils tapissent alors à plusieurs centimètres d'épaisseur d'un vrai feutre vivant.

« Si leur rusticité est immense en repos parfait, leur délicatesse est en revanche extrême.

« Le moindre choc ou agitation de l'eau les tue par masses. Sous aucun prétexte on ne devra donc remuer le liquide, et leur récolte ne peut se faire qu'avec les plus minutieuses précautions.

« Cette récolte, espèce d'écrémage commençant fin d'avril, se prolongera jusqu'à la fin de septembre. Elle se fera au moyen d'un tamis que l'on promènera bien doucement à la surface.

« Dans cinq ou six coups nous en vîmes prendre environ 500 grammes, que l'on déposait aussitôt, avec les mêmes précautions, dans un baquet d'eau fraîche et propre. Les daphnies ne devront jamais être données aux alevins sans avoir été soigneusement débarrassées de l'odeur dont elles sont imprégnées.

« Il y a là un fait que je m'empresse de signaler à mes savants confrères. Non seulement les vigoureux alevins qui se précipitent sur cette proie favorite avec toute la voracité qui caractérise ce premier âge de leur existence, pour en dévorer de vingt à vingt-cinq en quelques secondes, en sont incommodés, mais ils en sont parfois comme foudroyés.

« La daphnie odorante, en un mot c'est la mort! L'ammoniaque de cette eau purinée n'en serait-elle pas la cause?

« Un bassin ne devra jamais être pêché à fond, et ce ne sera que huit ou dix jours après, et selon que l'élévation de la température aura plus ou moins favorisé la multiplication du petit crustacé, qu'on devra la recommencer.

« D'avril à septembre, un tel bassin pourra donner environ 2 kilogrammes de daphnies à chaque pêche; la quantité n'a donc là pour limite que l'étendue des surfaces ensemencées.

« Lorsqu'on donne les daphnies aux alevins, et cela soit dans les rigoles d'incubation où ils sont éclos, soit dans les bassins consacrés à leur premier âge, on devra prendre les mêmes précautions que pour leur récolte.

« Il importe essentiellement de déposer très lentement cette véritable poussière vivante, qui disparaît

11.

aussitôt sous les pointes rapides de leurs voraces sacrificateurs.

« La construction et la préparation d'un bassin aux dimensions données ci-dessus revient à 35 francs, et peut fournir d'avril à septembre de 170 à 180 kilogrammes de daphnies.

« Un alevin de six mois ainsi nourri pèse en moyenne 6 grammes, avec une longueur de 6 centimètres. »

La Crevette d'eau douce (*Grammarus Pulex*). — Longue de 15 millimètres, d'un jaune couleur de rouille ; elle nage toujours sur le côté ; elle abonde dans les ruisseaux d'eau limpide, où elle se fait remarquer par ses brusques mouvements. Sa présence est regardée avec quelque raison comme une preuve de la pureté des eaux. Elle est très nuisible au frai de poissons, qu'elle détruit rapidement ; mais si elle est dangereuse pour les œufs, elle n'en constitue pas moins une nourriture merveilleuse pour les poissons. Toutefois s'il est assez difficile de se procurer la quantité dont on peut avoir besoin surtout en recherchant des animaux d'une dimension déterminée, puisque quand elles sont trop grosses, les jeunes alevins ne peuvent les saisir, on a donc été amené à cultiver les crevettes et nous empruntons à M. Sauvadon le mode opératoire :

1° Construction des fossés. — Plantation de cresson. — Faire sur la longueur que l'on désire un fossé (fouilles neuves) de 4 mètres de large. Creuser le milieu de ce fossé de 1 mètre de profondeur sur 1 mètre de large ; monter en pierre sèche les deux côtés ou seulement le côté exposé au midi, à 70 centimètres de hauteur, en laissant, autant que possible, entre les pierres, des cavités qui serviront plus tard, ainsi qu'on le verra ci-après. Mettre en talus le terrain de 1^m,50 qui reste de chaque côté, en ayant soin de conserver une berge de pierre ou de terre de 10 centimètres de haut. Prendre ensuite le talus, de manière à avoir sur les bords 5 centimètres d'eau et à arriver en pente sur les murs des deux côtés, à 30 centimètres d'eau. Pour cette opération, il est indispensable que le fossé soit traversé par un petit courant d'eau; celle de rivière est préférable, étant toujours plus douce et plus favorable que l'eau de source. Préparer ensuite le terrain des talus en l'ameublissant un peu; semer ou planter du cresson.

2° *Culture de la crevette.* — Lorsque le cresson sera semé et planté, empoissonner avec des crevettes. Les racines qui poussent abondamment au fond de l'eau leur servent de refuge et d'abri, et leur offrent un endroit convenable pour déposer leur frai.

Grâce à leur fécondité, les crevettes pullulent dans les fossés et l'on peut recueillir en quelques minutes à coups de filet la ration journalière. — On peut aussi construire ces fossés de manière à y introduire les alevins après en avoir grillagé les sorties. Ils s'empareront d'eux-mêmes des crevettes et, lorsque cette nourriture sera épuisée, on les fera passer dans un fossé préparé comme ci-dessus.

Ajoutons encore parmi les proies vivantes que l'on peut donner aux alevins : les vers de farine, asticots de larves de mouches, cirons ou vers du fromage, frai de grenouilles ou de divers poissons, moules comestibles, limaces, escargots, vers de terre hachés, alevins de poissons blancs.

On voit que le menu des jeunes alevins peut être varié ; le pisciculteur choisira le mode d'alimentation qui lui sera le plus économique et le plus facilement réalisable en donnant, comme nous l'avons dit, la préférence à la nourriture vivante.

Le pisciculteur doit aussi s'attacher à nourrir copieusement ses élèves de tout âge, si on les laisse souffrir le développement est retardé, à la moindre disette les gros sujets attaquent les plus petits, et une fois qu'ils ont goûté de ce régime ils n'en veulent plus d'autre et les bacs s'éclaircissent avec une rapidité ruineuse.

Les alevins comme tous les jeunes êtres ont surtout besoin dès les premiers temps de leur existence de repas fréquents plutôt que copieux. Au début on les distribuera presque d'heure en heure, pour les espacer davantage jusqu'à ne plus leur en donner qu'un seul abondant par jour. Les premiers jours les aliments devront être finement hachés, mais les parcelles pourront devenir de plus en plus grosses à mesure que les alevins grossissent.

Rappelons encore ici qu'avec la nourriture artificielle, il y a un élément d'insuccès causé par la décomposition de la matière organique avec laquelle on a essayé de les nourrir, il faut absolument par de fréquents nettoyages maintenir une propreté constante autour des jeunes élèves.

Après trois mois les alevins ont passé la période

critique de leur existence, on les fait passer dans de plus grands bassins de dimensions variables, mais dont la profondeur sera à l'arrivée de l'eau de 15 centi-mètres pour atteindre 1 mètre et plus. Le fond en sera garni de graviers; ces bassins seront placés près de grands arbres qui produiront une ombre salutaire tout en attirant des insectes; on peut à leur défaut ombrer les bassins d'élevage en les recou-vrant partiellement avec des planches, des volets en bois; l'ombre est absolument nécessaire, car les Salmones craignent beaucoup les rayons trop chauds du soleil. On établira également dans le même but des refuges comme dans les bacs d'alevinage.

VII. — Transport des Alevins.

Le succès dans le transport des alevins consiste à les placer dans des récipients quelconques remplis d'eau et où l'air puisse pénétrer sans que l'eau s'en échappe. On obtient ce résultat en les pla-çant dans des bidons en fer-blanc ou en zinc munis de deux couvercles percés de trous entre lesquels on bourre de la mousse. On ne remplit ces bidons qu'aux trois quarts et on les emballe dans un

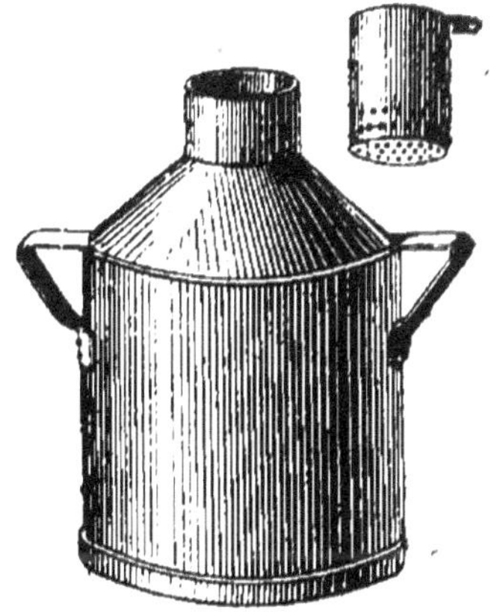

Fig. 13. — Bidon pour le transport des alevins.

panier assez grand pour qu'il y ait un espace entre

le bidon et le panier. On garnit cet espace de mousse et de glace.

On a imaginé plusieurs systèmes pour renouveler aisément l'eau des bidons de transport dont le principe consiste en général en injection d'air au moyen d'une pompe.

Le printemps et l'automne sont les meilleurs moments pour les expéditions, une température de 4 à 6 degrés la plus favorable.

VIII. — Mise en liberté.

Si l'on a à sa portée un ruisseau à onde claire, fraîche et limpide, on pourra disséminer les jeunes truites dès la résorption de la vésicule, sinon on ne les lâchera que plus tard, sans toutefois dépasser une année.

Une précaution très importante est de ne verser les alevins qu'en tête des ruisseaux, dans les endroits où ils écloraient naturellement ; les verser loin des endroits que les sujets cherchent pour frayer, c'est les vouer à une mort certaine.

La majorité des pisciculteurs conseillent :

1° De les placer le plus près possible des sources et dans des eaux profondes de quelques centimètres seulement ;

2° Les répartir par petites quantités ;

3° Éviter les endroits fréquentés par les oiseaux aquatiques, canards, etc. ;

4° N'opérer que par un temps sombre ou à la tombée de la nuit.

En suivant ces recommandations, le pisciculteur assurera le succès de son empoissonnement, il ne travaillera pas en pure perte, et si les eaux offrent les conditions requises il sera presque certain de voir prospérer ses jeunes alevins livrés à eux-mêmes à partir de ce moment.

IX. — Maladies et ennemis des Alevins.

Les maladies ne sont pas rares chez les jeunes alevins et plus d'une fois le pisciculteur verra ses bacs décimés.

Une cause de maladie des plus fréquentes consiste dans la poussière. Tous les corpuscules étrangers qui tombent dans l'eau s'accumulent au fond des auges, et engorgent les branchies des jeunes alevins ou pénètrent dans leur appareil respiratoire et les asphyxient promptement. Il est nécessaire, nous le répétons encore, d'entretenir la plus grande propreté et d'en retirer tous les corps étrangers qui ont pu y pénétrer.

Quelques praticiens conseillent, pour empêcher cet accident, de garnir les auges d'un double fond au moyen d'un tamis, ou d'un tissu quelconque à larges mailles placé entre le fond du bassin et l'espace réservé à ses habitants.

Une grande mortalité peut être causée par le byssus, le saprolegnia ferax ou autre végétation cryptogamique. Quelques pisciculteurs anglais ont essayé de mettre de temps en temps un peu de sel dans le bac qui renferme les jeunes alevins, cette salure de l'eau, même momentanée, donne de la vigueur et de la force aux alevins.

Une maladie assez fréquente est l'hydropisie de l'alevin due à un épanchement séreux entre les deux enveloppes de la vésicule ombilicale [1].

En même temps que l'hydropisie on voit souvent paraître une autre affection qui fait périr beaucoup d'alevins. C'est une maladie du foie, dans laquelle ce viscère prend une couleur blanchâtre, qui résulte d'un désordre dans la circulation du sang. Ces deux maladies, dont l'une existe rarement sans l'autre, paraissent être généralement la conséquence de conditions hygiéniques défavorables, notablement d'une trop grande agglomération des jeunes poissons, ou de leur séjour dans une eau de mauvaise qualité, insuffisamment renouvelée ou chargée de principes nuisibles, comme cela peut se produire, par exemple, quand on emploie soit des récipients métalliques fraîchement vernis, soit des bacs faits d'un bois résineux ou trop nouvellement travaillé. (Raveret-Wattel.)

On peut quelquefois guérir l'alevin atteint d'hydropisie, en perçant la poche abdominale pour donner un écoulement au liquide séreux qui la garnit, mais il faut opérer avec beaucoup de précautions pour ne pas percer la seconde paroi de la vésicule ombilicale, ce qui entraînerait forcément la mort de l'alevin. Cette opération quoique facile n'en est pas moins délicate pour des mains inexpérimentées et bon

---

1. Cette maladie n'atteint, bien entendu, que les alevins avant la résorption.

nombre de pisciculteurs ont reconnu qu'une eau très courante pouvait guérir les alevins. Pour les traiter ainsi on les place dans un appareil pareil à celui destiné à l'incubation des œufs d'aloses et décrit page 261. On y fait pénétrer un fort courant qui dans son mouvement ascendant entraîne les alevins comme il le fait pour les œufs sans leur laisser de repos. Après un court séjour dans cet appareil leur état s'améliore.

La mortalité des alevins du premier âge peut être attribuée, en grande partie, aux chocs ou compressions subies par les œufs. Il faut donc manier, toutes les fois qu'on en aura besoin, avec beaucoup de précaution les œufs pendant toute la durée de l'incubation.

Nous ajouterons encore que le meilleur moyen d'éviter toutes les maladies est de donner aux alevins une eau très courante et chargée d'oxygène. Si une eau copieusement aérée est indispensable aux œufs, elle l'est encore plus aux jeunes alevins, qui font une consommation très grande d'oxygène. Quand on examine de près un jeune poisson, on remarque que les nageoires pectorales ont une agitation continuelle; on dirait une sorte de vibration qui dure jour et nuit, sans s'arrêter un seul instant. Ce mouvement des nageoires n'a d'autre but que de renouveler constamment l'eau autour des branchies du jeune poisson, en chassant le liquide appauvri d'air par la respiration, pour le remplacer par une eau plus riche en oxygène.

Les insectes qui s'attaquent aux œufs détruisent aussi les alevins avant la résorption de la vésicule, ils détruisent les jeunes poissons en s'attaquant à cette partie du corps qu'ils déchirent. Le *notonecte*, espèce de punaise d'eau, tue le fretin en lui plongeant sa trompe acérée pour en sucer les sucs, mais après la résorption vitelline ces insectes ne sont plus à craindre et servent au contraire de nourriture aux jeunes poissons. Parmi les autres ennemis, citons les rats d'eau, tous les oiseaux aquatiques, les grenouilles qui font une grande consommation d'alevins, ainsi que tous les divers reptiles aquatiques, couleuvres, serpents d'eau, tritons. Nous signalerons particulièrement à l'attention du pisciculteur la voracité de ce lézard d'eau.

X. — Multiplication des Ombres et Corégones.

Multiplication des ombres. — Tout ce que nous venons de dire pour la multiplication artificielle des truites peut s'appliquer aux *ombres*.

Multiplication des corégones. — La fécondation artificielle des œufs de corégone se fait généralement en suivant la méthode russe, mais il est très difficile de se procurer les reproducteurs, car certaines variétés se retirent dans les grandes profondeurs pour y pondre. Leurs œufs sont très légers et doivent être pendant la durée de l'incubation constamment en mouvement, car à l'état de nature ils flottent à la surface des eaux ; ils ne réussiraient pas dans les appareils usités pour les œufs des autres Salmones. Il faut se servir d'appareils spéciaux, dont un des plus pratiques est connu sous le nom d'appareil Mac Donald, il donne aussi d'excellents résultats avec les œufs des autres Salmones.

M. Raveret-Wattel en a donné une longue description dans le Bulletin de la Société d'acclimatation.

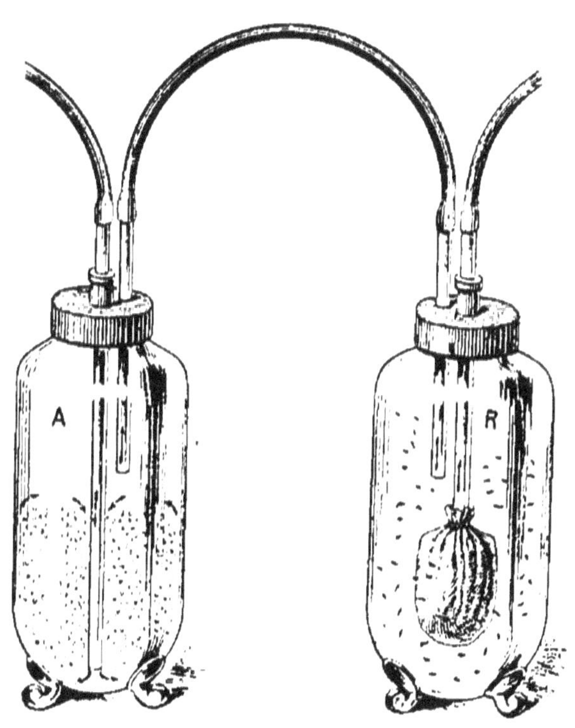

Fig. 44. — Appareil Mac Donald.

M. Grosjean, agent de M. Mac Donald à Paris, l'a présenté au public ; nous donnons d'après lui la description suivante de cet appareil qui se compose : d'un vase cylindrique A (fig. 44), ayant environ 40 centimètres de haut sur 18 de diamètre ; le fond est hémisphérique, et l'ouverture supérieure forme un col de diamètre plus petit que le corps du cylindre ; sur cette ouverture, on fixe un couvercle métallique percé de deux ouvertures recevant deux tubes de verre, dont l'un pénètre jusqu'au fond, tandis que l'autre s'arrête à un tiers de la hauteur du cylindre ; le premier est muni d'un tuyau en caoutchouc qui alimente l'appareil ; le second est muni d'un tuyau semblable, qui se rend au récepteur R. Ce dernier est construit sur le même plan, mais son tube central est terminé par une pochette de toile de coton à mailles serrées, supportée par une pochette semblable en fil de fer très fin.

On dévisse le couvercle de l'appareil A, on y met les œufs et une certaine quantité d'eau, on remet le couvercle, et on fait arriver l'eau par le premier tube de A, le liquide arrivant dans le fond hémisphérique, il se produit des courants ascendants et descendants, un mouvement continu qui remue les œufs ; ceux-ci étant plus lourds que l'eau, ils finissent toujours par redescendre, mais les œufs gâtés se maintiennent à la surface en vertu de leur faible densité ; alors, en faisant descendre le petit tube, il agit comme siphon et entraîne les œufs malades dans un récipient spécial ; cette opération se fait une fois par jour.

Quand la période d'éclosion approche, fait remarquer M. Grosjean, qui a fait connaître cet appareil en France, il faut mettre le vase à éclosion en communication avec le récepteur. Aussitôt éclos, les jeunes poissons sont entraînés par le courant et viennent en R, d'où ils ne peuvent s'échapper, car l'eau seule peut passer à travers la pochette. Chaque vase peut contenir 15 000 à 18 000 œufs.

L'incubation dure de 25 à 80 jours, mais elle

varie suivant les variétés et la température; les œufs de white-fish demandent de 80 à 150 jours.

Les alevins de corégones seront mis en liberté dès leur naissance, ils sont vifs et agiles à l'encontre des jeunes truites ou saumons. Du reste on ne sait trop quelle nourriture leur donner, des études se poursuivent à ce sujet, mais n'ont pas encore donné de résultat.

XI. — Transport des Adultes.

Le pisciculteur essaiera dans quelques cas de repeupler ses eaux avec des sujets adultes; il voudra se procurer des reproducteurs propres à lui fournir immédiatement des œufs.

Cette pratique est souvent utilisée pour les empoissonnements en carpes, tanches ou autres poissons résistants.

Ceux-ci et l'anguille plus spécialement sont résistants ou plus exactement ont la faculté de retenir dans leurs branchies une quantité d'eau suffisante pour leur permettre de vivre hors de l'onde pendant quelques heures. Les Salmonides au contraire à peine hors de leur élément laissent échapper toute l'eau de leurs branchies, et ne peuvent rester ainsi plus de deux ou trois minutes sans danger et au bout de cinq à dix minutes c'est la mort.

Pour les raisons ci-dessous, on ne peut transporter les Salmones que dans des récipients pleins d'eau qu'il faut changer souvent, afin de leur fournir l'oxygène dont ils font une grande consommation. Quelques inventeurs ont essayé d'appliquer à des récipients de dimensions suffisantes les procédés de renouvellement d'air que nous avons indiqués pour les alevins. Le transport des poissons adultes n'étant pas d'un usage courant, nous ne jugeons pas utile de décrire ces appareils.

CHAPITRE IX

EXPLOITATION DES LACS

I. Exploitation des lacs. — II. Culture des Salmones en eaux
fermées.

I. — Exploitation des Lacs.

La plupart du temps les lacs sont absolument
négligés, on se contente d'y pêcher le poisson qui y
naît et grandit naturellement sans s'inquiéter de son
repeuplement.

Pourtant une exploitation rationnelle, un repeuplement intelligent peuvent donner de bons résultats;
nous ne donnerons qu'un seul exemple.

Le lac de Loch-Leven, en Écosse, célèbre par la
beauté de ses rives, qui a une superficie totale de
1400 hectares, produit, s'il faut en croire M. Raveret-
Wattel, chaque année 20 à 25 000 truites du poids de
500 grammes et rapporte plus de 75 000 francs, soit
53 francs par hectare.

On ne peut appliquer à un lac les mêmes procédés
d'exploitation qu'aux étangs; leurs dimensions généralement vastes ne permettent pas de pourvoir artificiellement à la nourriture de leurs hôtes, il faut,

comme le dit fort bien M. Gobin, « faire de la pisciculture extensive et non de la pisciculture intensive ».

Le problème de l'exploitation d'un lac peut se résumer en production d'une nourriture naturelle, insectes et poissons blancs, production d'une quantité proportionnée de poissons carnassiers, truites, corégones, etc., plus profitables au pisciculteur, qui se nourriront sur ces insectes et poissons blancs.

Maintenir l'équilibre doit être la plus grande préoccupation du pisciculteur.

La quantité de truites ou autres poissons carnassiers ne devra donc jamais dépasser un certain nombre, déterminé par la quantité de nourriture que peuvent produire les eaux ; si on dépasse cette limite par l'introduction d'un grand nombre de sujets, on provoque le cannibalisme, mais pour pouvoir porter ce nombre au maximum, il faudra éviter la multiplication des poissons qui se nourrissent soit de poissons, comme la perche et le brochet, soit exclusivement d'insectes, comme certains cyprins. A toute réduction de nourriture correspondra une réduction proportionnelle du nombre des truites.

La truite croissant et se propageant en raison d'une abondante alimentation, on peut l'améliorer de différentes façons : 1° par la suppression de poissons de moindre valeur vivant dans les mêmes eaux et absorbant une partie de la nourriture qui profiterait à la truite ; 2° par l'introduction d'autres espèces aux dépens desquelles vit la truite : mollusques, crustacés, insectes, etc., ainsi que par l'introduction de certaines plantes aquatiques favorables au développement des Limnées, des Crevettes, etc.

On peut aider directement à la multiplication de ces petits poissons que l'on désigne sous le nom de blanchaille au moyen de la fécondation et de l'incubation artificielle.

Le véron ou vairon, petit cyprin, est particulièrement recommandable par suite de sa rusticité, de sa fécondité, son séjour dans les mêmes eaux froides que la truite qui, elle, affectionne particulièrement comme aliment ce petit poisson.

Voici quelques conseils sur la multiplication artificielle du véron. Il faut d'abord rechercher l'endroit préféré par ce poisson pour y frayer; c'est, du reste, chaque année, au même endroit qu'a lieu la fraye. Lorsqu'on a trouvé une place favorable, on établit, quelques jours à l'avance, un courant un peu plus fort, on fixe dans ce courant, tout près de la frayère, un cadre de toile métallique d'environ 1 mètre de long sur 40 centimètres de large et 30 centimètres de haut, de façon à bien fermer le courant, et en visitant par un jour de beau temps du mois de mai, quelquefois même du temps d'avril, on sera tout étonné de trouver un matin la frayère littéralement couverte de vérons, tous les uns sur les autres, dans l'eau ou hors de l'eau, et, en moins de dix minutes, avec un panier ou un filet, on emplit le cadre pour les conserver vivants, car c'est le seul moyen.

Il faut ensuite, avec une petite épuisette, les prendre au fur et à mesure de la fécondation qui doit être faite très rapidement, pour ne pas laisser aux vérons le temps de répandre une partie de leurs œufs dans le cadre. « Voici comment j'ai procédé moi-même, nous dit M. Sauvadon dans le Bulletin de la Société : J'avais, pour recevoir leurs œufs, un petit cadre de toile métallique, au fond duquel j'avais mis du sable de ravin et qui était fixé auprès des vérons. Près de moi était un coquetier dans le fond duquel était un peu de sable bien propre. Je prenais un véron de chaque main, je mettais le ventre de chaque véron l'un contre l'autre à la surface de l'eau, et, aussitôt les œufs et la laitance tombés à la moindre pression, je remuais un peu avec la queue de l'un des poissons, je versais ensuite dans ma toile métallique, et, en moins d'une heure et demie, j'avais fécondé le produit de trois cents vérons, opération qui a parfaitement réussi. J'ai été extrêmement surpris du rapide développement des œufs qui, aussitôt leur fécondation et leur mise à l'eau, ont presque doublé de grosseur. »

Il serait bon (pour ne pas entièrement dépeupler les rivières, car on pourra plus tard avoir besoin d'y recourir), aussitôt l'opération faite sur deux poissons, de les remettre à l'eau. Si l'on devait emporter les œufs au loin, il serait utile de faire l'opération dans un vase de terre percé de petits trous de tous côtés pour établir un courant, et, aussitôt la fécondation terminée, de couvrir les œufs avec un peu d'herbe mouillée. On peut aussitôt les emporter sans crainte et les mettre en place en arrivant, dans un petit courant de 10 à 15 centimètres de profondeur, pour les faire éclore et s'en servir à volonté.

Si le lac n'offrait pas toutes les conditions requises

pour faciliter la reproduction des truites et particulièrement de petits affluents à eau claire et limpide
au fond de sable ou de gravier, le pisciculteur se ser-
virait alors des méthodes artificielles pour remplacer
les vides que produiraient les pêches. Un laboratoire
peut être installé à peu de frais et rendra de grands
services.

Mais là se présente une question que chaque pisciculteur résout à sa manière. A quel âge vaut-il mieux
mettre en liberté ces alevins qui doivent, dans les lacs
naturels, pourvoir immédiatement à leurs besoins,
se défendre contre leurs ennemis sans que le pisciculteur n'intervienne en rien?

Les uns veulent leur donner la liberté dès la résorption de la vésicule; l'alevin est vif et agile, il prend
l'habitude de vivre dans les eaux où il doit croître et ne
souffre pe' t d'un changement d'eau et de nourriture.

D'autres attendent que l'alevin ait pris plus de
taille et plus de force.

En Angleterre, et on commence avec raison à suivre
de ce côté du détroit cette méthode, on emploie pour
le repeuplement des *yearlings*, littéralement sujets
âgés d'un an, mais en réalité plus âgés, car on ne
compte l'âge des alevins qu'à partir du moment de la
résorption vitelline. Ces alevins, vigoureux et mieux
en état de subvenir à leurs besoins, donnent d'excellents résultats.

Dans tous les cas, le degré du développement du
poisson au moment où on le met en liberté doit toujours être réglé sur les conditions dans lesquelles il
se trouvera placé. Lorsque tout en le destinant à peu-

pler une grande surface d'eau, un lac, on le met d'abord dans quelque ruisselet où il pourra trouver, à la fois, abri sûr et nourriture abondante et d'où il ne descendra qu'à son gré en eau plus profonde, rien ne s'oppose à ce que l'opération ne se fasse un peu avant la complète résorption de la vésicule ombilicale. Mais si, au contraire, l'alevin doit être versé directement dans les eaux profondes, il est indispensable d'attendre qu'il ait pris de plus grandes proportions et les *yearlings* font merveille dans ce dernier cas.

Mais, répétons-le, encore dans un lac naturel où le pisciculteur ne pouvant intervenir, les empoissonnements ne sont faits que d'une manière très indirecte, il faudra surtout maintenir l'équilibre que nous signalions plus haut, sans toutefois tomber dans un excès contraire et, en voulant développer outre mesure la quantité de poissons destinés à être mangés, causer l'épuisement du fond qui les nourrit et rendre par suite les eaux presque complètement improductives. Il y a un juste milieu à tenir qui sera indiqué par la parfaite connaissance des eaux, de leur faune et de la nature du fond.

Ce que nous venons d'exposer s'applique à tous les lacs et particulièrement aux grands lacs traversés par un cours d'eau, une rivière.

L'influence du pisciculteur pourra se faire sentir d'une façon plus immédiatement efficace dans un petit lac de 2 à 5 hectares de superficie qu'il lui sera plus aisé de gouverner à son gré.

La première précaution à prendre sera de garnir de grillages la sortie de l'eau aussi bien que l'amenée, si l'on ne veut que les truites n'aillent se promener et s'enfuir par les rivières ou ruisseaux qui alimentent le lac ou lui servent de déversoir. Ces grilles ont un inconvénient assez grave, surtout lorsqu'elles sont placées à l'arrivée de l'eau; au moment de la chute des feuilles, elles s'obstruent facilement et l'eau déverse au-dessus d'elles en cascades que les truites s'empressent de remonter. M. le sénateur Poriquet indique un moyen de remédier à cet inconvénient (*Revue des Sciences naturelles appliquées*, 5 octobre 1890) : « En 1883, j'avais élevé, dit-il, 3 000 truites que j'avais mises en étang vers le mois de mai et trois ans plus tard, lors de la pêche ordinaire, je ne trouvais pas une truite de plus que d'usage. Mais en revanche j'apprenais que mes voisins et mes amis ou autres en avaient pris une large et abondante récolte dans tous les ruisseaux d'amont. L'indication était précise : il fallait renoncer à la culture de la truite ou aviser à l'empêcher de remonter. Une grille barrant la rivière à son arrivée dans les étangs ne doit pas être une mesure praticable. Les quan-

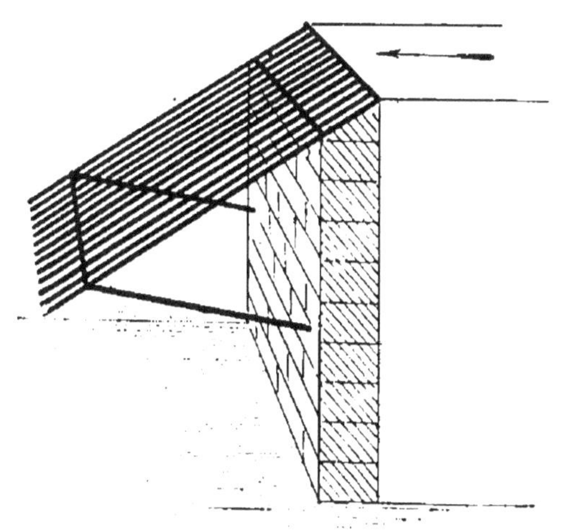

Fig. 45. — Grille d'amenée.

tités d'herbes, de bois que charrient les crues torrentielles de nos ruisseaux obstrueraient l'écoulement des eaux qui déborderaient rapidement si elles n'emportaient le grillage, quelque étendu qu'il soit. J'ai imaginé le croquis ci-dessus (fig. 45). L'eau tombe à travers la grille, les matières transportées glissent sur le plan incliné et le poisson qui veut remonter le courant ne peut le faire. »

Les feuilles, les matières transportées s'étendant sur la surface du lac, il y a moins de dangers à la grille de sortie, on peut aussi employer le dispositif (fig. 46). On place devant les tuyaux de sortie d'eau une sorte de boîte rectangulaire en bois ou métal ABCDIKGH dont la face ABGH est vide et celle GHKI grillagée ; l'eau qui sortira viendra de la partie inférieure de l   îte et non de la surface du bassin, quelque quai·'ité

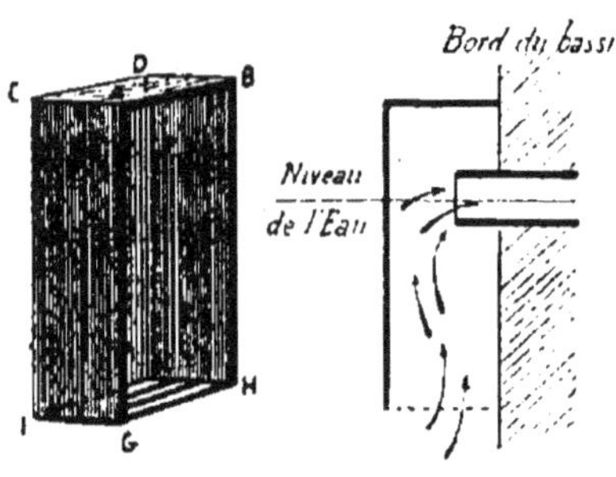

Fig. 46. — Grille de sortie.

de corps étrangers qu'il y ait, la sortie ne sera jamais obstruée. Les dimensions et le nombre de tuyaux varient suivant le débit de l'eau. Après avoir purgé et détruit par tous les moyens possibles, les perches, anguilles, brochets qui auraient pu s'y trouver, on y jette vers la fin de mars, une assez grande quantité de gardons ou autres poissons blancs. On peut aussi y mettre des carpes carassins qui, plus rustiques que la carpe ordinaire, prospéreraient et se reproduiraient dans les eaux qui plaisent à la truite. Ces poissons, qui se multiplieront annuellement, fourniront une abondante nourriture à la truite ou autres Salmones.

Aussi s'appliquera-t-on à faire reproduire abondamnent ces poissons. Si le lac n'offre pas d'herbages, ce qui a lieu généralement dans les eaux propres aux truites, on installera sur les bords les frayères artificielles, fascines, claies, que nous avons décrites plus haut. La ponte a lieu aux premières chaleurs et bientôt une multitude d'alevins peuplent la pièce d'eau, mais tous ces jeunes poissons ne sauraient trouver une alimentation suffisante dans un étang privé d'herbe et il faut leur donner une nourriture artificielle qui se composera de quelques poignées de petit son qu'on leur jettera chaque jour, ou lorsqu'ils seront plus gros, deux à trois fois par semaine, de grosses boulettes faites avec un mélange de deux tiers de son et de un tiers de petit blé bouilli.

Le lac largement ensemencé de poissons blancs est près à recevoir les Salmones : à la fin de l'été, on y mettra une dizaine de sujets reproducteurs du poids de 1 000 à 1 500 grammes, autant de mâles que de femelles. Du 15 novembre à fin de janvier la généralité de ces poissons effectue leur ponte, si le lac offre des points propres à cette opération, si surtout il s'y jette un petit ruisseau à eau limpide et à eau bien courante, à fond garni de gravier, le pisciculteur n'aura pas besoin d'intervenir, sinon il faudra qu'il installe des frayères artificielles; nous avons déjà donné quelques indications à ce sujet et nous nous bornerons à rappeler que les préférables sont obtenues par l'imitation d'un petit ruisseau.

Quand l'eau de source fait défaut à l'endroit convenable pour l'installation des frayères, on peut souvent l'y amener au moyen de tuyaux souterrains;

mais il faut veiller à ce que ces conduits ne puissent
pas s'obstruer, car à certaines périodes de l'incubation et surtout un peu avant l éclosion, un arrêt du courant pendant seulement quatre à cinq heures suffirait
pour faire périr les 99 centièmes des œufs. A sa sortie
du tuyau d'amenée, l'eau peut être utilement reçue
dans un petit réservoir en briques, de 1 mètre de
large sur 1^m,20 de profondeur et 2^m,50 de long au
maximum. Ce réservoir sera couvert, pour éviter la
gelée. Une étroite tranchée, remplie de gros cailloux,
entre lesquels l'eau trouve un passage, relie le
réservoir à la frayère proprement dite, laquelle consiste en une rigole large de 60 à 70 centimètres au fond
avec des bords en pente plus ou moins forte suivant
la consistance du sol. La profondeur de la rigole est
sans importance et peut être subordonnée à la con-
figuration du terrain. Quant à la hauteur de l'eau
(c'est-à-dire l'épaisseur de la veine liquide qui alimente la frayère), elle doit être réglée d'après le degré
de pureté de l'eau et les chances de gelée. La longueur
à donner à la rigole se détermine d'après la quantité
d'œufs à mettre en incubation et l'on compte que,
pour chaque millier d'œufs, la surface employée ne
doit être ni inférieure à deux pieds carrés, ni supérieure à cinq (Raveret-Wattel).

S'il est impossible d'établir ces frayères artificielles,
ou si l'on n'hésite pas à employer un moyen plus sûr,
quoique causant plus de travail, on se servira de la
fécondation artificielle et de l'incubation dans des
appareils, pour obtenir des alevins que l'on lâchera
soit après la résorption de la vésicule ombilicale,

soit après un séjour plus ou moins long dans les bassins d'alevinage.

Au bout d'un an les truites auront de 18 à 22 centimètres de long et pèseront de 100 à 150 grammes, au bout de la deuxième année, elles auront 25 à 30 centimètres de long et pèseront de 200 à 300 grammes ; à la fin de la troisième année de 35 à 45 de long et pèseront 500 à 1 000 grammes, c'est alors le moment de les livrer à la consommation ; à partir de cette époque la production continuera, car si on ne laisse pas les truites se reproduire librement, on aura soin chaque année de déverser une nouvelle quantité d'alevins.

Une pièce d'eau ainsi cultivée donnera évidemment de gros bénéfices. M. Lamy en a établi le compte pour une étendue de 4 hectares dans laquelle on déverse annuellement 6 000 alevins de truites.

Les frais de premier établissement, achat d'appareils, de filets, etc., s'élèvent d'après lui à 5 000 francs, somme qui reste improductive pendant trois ans.

Au bout de ces trois ans, puisqu'on y déverse annuellement 6 000 alevins il doit exister 18 000 truites dont 6 000 devraient peser 1 kilogramme ou $1^{kg},500$, mais il admet qu'il n'en reste qu'un tiers soit 2 000, pesant 1 kilogramme seulement à 4 francs le kilogramme, le produit est de 8 000 francs. 4 hectares d'eau propice et bien cultivés peuvent donc rapporter bon an mal an 8 000 francs. Quelle dépense cette culture exige-t-elle ?

Intérêt et amortissement du capital....... 500 francs.
Traitement du pisciculteur.............. 600 —
Achat de nourriture pour les poissons.... 400 —

« Voilà le compte de la dépense, ajoute ce docteur; quant au chiffre du rapport, il n'est point exagéré, il est rigoureusement vrai et peut être dépassé. »

Le grand inconvénient de la culture par la méthode simple que nous venons d'indiquer est la perte occasionnée par le grand nombre d'alevins qui périssent dévorés par les poissons adultes.

Il y a tout intérêt à diviser l'élevage de la truite en plusieurs temps : si l'on peut établir plusieurs bassins à eau courante on parquera les alevins et on ne les mettra dans le lac ou dans la pièce d'eau qu'à l'âge de deux ans. Ils sont alors en état de se défendre et de résister à leurs ennemis.

Méthode composée. — La méthode composée consiste à faire reproduire les truites dans un bassin spécial, où on les garde pendant une année, à les faire passer dans un second bassin où on les garde pendant le même temps, puis à les déverser dans le lac proprement dit.

I. *Bassin pour la fraye et l'alevinage.* — Ce bassin aura peu de profondeur, 50 centimètres en moyenne suffiront. On y mettra à la fin de l'été quelques reproteurs mâles et femelles en nombres égaux, que l'on retirera dès que la ponte sera effectuée de peur qu'ils ne mangent leurs œufs ou les alevins. Si l'on préfère opérer par la fécondation et l'incubation artificielles, on y placera seulement des alevins après la résorption au nombre de 150 à 200 par mètre carré. Pour les corégones et les ombres, cette quantité devra être diminuée d'un tiers environ. On les nourrira de la manière que nous avons indiquée en parlant de l'élevage des salmones dans les lacs ou bassins d'alevinage.

II. *Bassin et élevage.* — A l'automne suivant, on fera passer ces jeunes truites, au nombre de 12 à 15 par mètre carré, dans le second bassin, qui aura été abondamment ensemencé de poissons blancs divers; on leur donnera aussi une nourriture supplémentaire qui pourra se composer de daphnies, crevettes d'eau douce, crustacés divers ou de l'une des nourritures artificielles que nous avons indiquées plus haut. Toutefois nous rappellerons encore que les Salmonides en général — la truite arc-en-ciel ferait, paraît-il, exception — dédaignent absolument une nourriture lorsqu'elle est tombée au fond; aussi, pour ne pas corrompre les eaux, devra-t-on donner une nourriture artificielle, sang, viande, etc., de manière à éviter cet inconvénient; on peut aussi disposer ces aliments dans un tamis ou panier à claire-voie, où les truites viendront retirer d'elles-mêmes les bribes qui leur plairont; une planche disposée au-dessous recevra celles qui leur échapperont, et en la retirant et en la nettoyant de temps à autre, on empêchera l'infection de l'eau [1]. Voici, d'après M. Gauckler, un ingénieux moyen pour procurer aux jeunes truites une alimentation substantielle et économique.

« Au-dessous de la surface de l'eau, on fixe sur un piquet solidement planté dans le fond, une corbeille en treillis de fil de fer galvanisé. Dans cette corbeille,

---

1. Quelques écrevisses qu'on répand dans la pièce d'eau pourront aussi se charger de maintenir la propreté sans nuire aux truites.

on place des déchets de viande, des intestins, etc., sur lesquels les mouches viennent déposer leurs œufs. Bientôt les asticots, ou larves de mouches, éclosent et vont tomber dans l'eau, où les attendent les truites. Pour empêcher que la chair ne se dessèche au soleil, qu'elle devienne la proie des oiseaux carnivores, ou répande au loin une odeur désagréable, on recouvre la corbeille avec un tonneau défoncé par le bas, qui forme cloche et plonge dans l'eau. Ce tonneau est percé d'un grand nombre de trous de vrille, de 6 millimètres à 1 centimètre de diamètre, qui permet l'accès des mouches. A côté du tonneau est planté un poteau muni d'une console qui porte une poulie. Une corde passe sur la poulie et vient se fixer au centre du plafond du tonneau, muni pour cela d'un crochet. Elle permet de le soulever ou de l'abaisser, quand on vient visiter les provisions et les renouveler. Deux anneaux, placés sur une même ligne verticale, glissent sur une barre de fer fixée le long du poteau, et servent à maintenir le tonneau dans sa position, malgré les efforts du vent et le choc des vagues. Quelquefois on supprime le support de la corbeille, et on la suspend au-dessus de l'eau, dans l'intérieur du tonneau. Tout en empêchant l'infection de l'air, ce dernier procure aux truites un abri ombragé, où elles viennent quêter la proie vivante, qui leur pleut dans la bouche. »

III. *Exploitation du lac.* — A l'automne qui suit celui où on les a mis dans le deuxième bassin, on les en retire pour les mettre, en raison de quatre à trois par mètre carré, dans le lac qu'on exploite comme précédemment.

II. — Culture des Salmones en eaux fermées.

On croirait que les truites et les autres Salmones (les saumons proprement dits exceptés) ne sont destinées qu'à peupler les eaux libres, nos rivières et nos lacs. Il n'en est rien ; si on peut leur fournir une eau convenable, on peut les cultiver dans toutes les eaux fermées, pièces d'eau, lacs artificiels que l'on désigne quelquefois sous le nom d'étang, bassins divers de peu d'étendue même.

Dans certaines parties de l'Autriche (le Tyrol, le Vorarlberg, la Haute-Autriche, etc.), la truite est l'objet d'une culture tout à fait industrielle. L'élevage se fait dans des étangs où les poissons peuvent être parqués facilement par âge. Un premier bassin (ou une première série de bassins) est affecté aux alevins, qui y restent environ un an, soit depuis leur éclosion jusqu'au printemps suivant. Ils y reçoivent une alimentation la moins artificielle possible, c'est-à-dire qu'on s'attache à leur procurer en abondance des insectes (larves de toutes espèces), des mollusques (jeunes lymnées, planorbes, etc.), et de petits crustacés (daphnies, cyclopes, etc.), par la plantation, dans les bassins ou étangs, d'herbes aquatiques favorables à la pullulation de ces animaux inférieurs ; la viande hachée n'est employée absolument que comme adjuvant. Au bout d'un an, les jeunes poissons passent dans d'autres bassins, où ils reçoivent une nourriture plus substantielle ; on augmente les distributions de viande, mais on y ajoute, autant que possible, du poisson vivant, soit des ablettes et des brochetons tout nouvellement éclos. Une troisième série de bassins reçoit les truites de deux ans, qui y accomplissent leur troisième année, et passent enfin dans une quatrième division pour être livrées à la vente. Elles pèsent alors, en moyenne, 750 grammes. Dans les troisième et quatrième divisions, leur nourriture consiste surtout en ablettes qu'on élève en quantités considérables dans des bassins spéciaux. La viande hachée continue à être employée quand le prix n'en est pas trop élevé et ne dépasse pas le prix de revient, d'ailleurs modique, du poisson blanc élevé pour l'alimentation des truites. Le passage des poissons d'une division dans une autre se fait dans le courant de mars. (Raveret-Wattel.)

La truite des ruisseaux (*Salmo fario*) réussit assez bien dans ces conditions, mais on peut considérer comme préférable la grande truite des lacs (*T. lacustris*), la truite arc-en-ciel (*T. irideus*), le saumon de fontaine (*Salmo fontinalis*) et les corégones divers.

Mais tous ces Salmones ne donneront de bons résultats que si l'eau est suffisamment courante, très pure, relativement froide, sa température ne devant pas s'élever en été au-dessus de 14 à 15 degrés centigrades. Le fond devra être sablonneux et graveleux, ou simplement graveleux ; et il devra en outre présenter quelques abris, pierres ou souches d'arbres, sous lesquelles la truite aime à se réfugier pour se soustraire à l'influence du froid ou de la trop grande chaleur. Si le fond n'offre pas naturellement ces abris, on peut les créer artificiellement en y plaçant des tuiles creuses ou des tuyaux de drainage fendus par le milieu dans le sens de la longueur.

Ces pièces d'eau à truites peuvent être établies avec succès dans une vallée ombragée [1]. Dans une vallée étroite de cette sorte, dans laquelle coule un petit ruisseau, on peut facilement et à peu de frais établir une succession de ces étangs. Une digue, coupant le thalweg dans un endroit un peu resserré, amène aussitôt la formation dont le niveau se règle au moyen d'une vanne ménagée au milieu de la digue; le même travail recommencé un peu plus loin donne les mêmes résultats, de sorte que ces bassins peuvent s'échelonner tout le long de la vallée. Des arbres et des grands végétaux plantés sur les bords donnent de bons résultats, ils procurent aux poissons l'ombre et la fraîcheur qu'ils recherchent, et attirent un grand nombre d'insectes qui, lorsqu'ils voltigent sur la surface des eaux, sont saisis par les truites, qui s'élancent hors de la nappe liquide pour s'en emparer.

Les bords doivent être assez élevés pour que les truites ne puissent s'élancer par-dessus eux, toutes les ouvertures d'amenée ou de sortie de l'eau doivent être grillagées.

Une profondeur de 3 mètres au moins est indispensable pour que les poissons puissent se mettre à l'abri du gel et aussi à l'abri des orages qu'ils crai-

---

1. Nous évitons d'employer le mot étang en parlant des pièces d'eau artificielles propres aux Salmones; pour nous, comme le disent Littré et l'Académie, un étang est un amas d'eau stagnante. L'eau courante est indispensable pour ces poissons. C'est plutôt pièce d'eau à truite, lac artificiel qu'on devrait dire au lieu d'étang à truite.

gnent beaucoup; sans cela, lorsque le temps deviendrait menaçant, ils monteraient à la surface, présenteraient souvent un grand nombre de taches livides et périraient bientôt.

On empoissonnera ces pièces d'eau soit directement par la méthode simple, soit par la méthode composée que nous avons décrite, en faisant passer les alevins deux ans dans des bassins spéciaux.

La température des eaux a aussi une grande influence sur la croissance de ces poissons. Dans les eaux froides dont la température ne dépasse pas 10 degrés centigrades, les truites croissent lentement et prennent une teinte foncée presque noire. Leur développement est au contraire très rapide lorsque la température s'élève en été jusqu'à 20 degrés, mais dans ce cas une grande profondeur est nécessaire, leur robe devient alors claire et presque pâle, comme dans certaines rivières du midi de la France. Elles ne peuvent vivre dans les eaux dont la température dépasse 18 degrés. Pour la reproduction et le premier élevage, les basses températures sont indispensables.

Dans cet étang on se sera appliqué à maintenir une grande quantité de poissons blancs. Un excellent moyen pour éviter l'épuisement de cette nourriture est d'établir autour de l'étang principal une série de petits bassins dans lesquels on élèverait avec abondance ces poissons, grâce à une juste répartition de frayères et une nourriture copieuse. Ils devraient communiquer avec l'étang par un conduit qui serait fermé par une vanne; lorsqu'on voudrait donner cette nourriture aux truites, on n'aurait qu'à ouvrir cette vanne et le poisson blanc se répandrait dans l'étang, ou bien les truites viendraient elles-mêmes l'y chercher.

Lorsqu'un bassin serait épuisé on ouvrirait la vanne d'un autre pendant que le précédent se repeuplerait.

Dans les étangs dont la température est trop élevée pour les truites ordinaires, on pourrait essayer la truite arc-en-ciel d'Amérique qui, elle, prospère dans des eaux de plus de 22 degrés. Ces truites ont du reste un très rapide accroissement qui rend leur culture très avantageuse.

L'année passée, dans un étang des environs de Wissembourg, on déversa au mois de juin 5 000 alevins de truites arc-en-ciel. Cet étang, d'une superficie de 33 ares, est alimenté en tout temps par un petit ruisseau, qui, en été, se transforme en un mince filet d'eau.

La pêche de ces truites, qui vient d'avoir lieu, a permis de constater la rapidité de leur croissance : en un an, elles ont atteint une longueur moyenne de 24 centimètres et un grand nombre d'exemplaires allaient de 28 à 35 centimètres. Par contre, la quantité a été une déception : une anguille et une truite déjà âgée, provenant des précédents déversements, restées dans l'étang à l'insu des pisciculteurs, et capturées lors de l'opération actuelle, expliquent suffisamment les ravages faits dans le lot de truites arc-en-ciel. L'anguille et la truite adulte avaient subsisté sur les alevins.

Quant au corégone marène, il peut vivre dans les étangs à carpes. Il exige d'assez vastes surfaces liquides, mais présente le grand avantage de doubler le rendement des étangs, car il se nourrit de larves dédaignées par les carpes, et les deux espèces peuvent ainsi prospérer côte à côte, sans que l'introduction des corégones nécessite une diminution du nombre des carpes élevées primitivement dans les mêmes réservoirs.

Les salmonides bien nourris peuvent prospérer dans un espace assez restreint. Avec une alimentation d'eau de 1 mètre cube à l'heure, on peut élever 20 kilogrammes de truites, la même eau peut servir dans un autre bassin, si elle peut s'aérer au passage.

Lettre de M. Le Beau.

« Un de mes camarades de collège avec lequel je viens de renouer connaissance me dit qu'il s'occupe de pisciculture dans sa villa près de Saint-Nazaire. La pièce d'eau dans laquelle j'ai mis des saumons et des truites, me dit-il, est toute petite; elle n'a guère que 40 mètres de circonférence et 2 mètres de profondeur en hiver, minimum 60 centimètres en été.

« Malgré cela, j'ai mis au mois de novembre 1887 cinquante alevins, truites des lacs, truites arc-en-ciel, saumons de Californie.

« Les alevins avaient trois ou quatre mois et mesuraient 4 à 5 centimètres de longueur. Aujourd'hui ils ont 25 centimètres, se portent admirablement et sont très vigoureux.

« J'ai voulu dernièrement pêcher des tanches à la ligne, j'ai pris quatre de mes saumons. Le dernier était pris très creux par l'hameçon, je n'ai pu le remettre à l'eau. Nous l'avons mangé. La chair était exquise et très rosée, absolument comme celle du saumon. »

TROISIÈME PARTIE

COURS D'EAU

CHAPITRE X

ESPÈCES A INTRODUIRE DANS LES COURS D'EAU

I. Saumons. — II. Autres espèces migratives. — III. Espèces sédentaires.

I. — Saumon.

On rencontre suivant la nature des cours d'eau toutes sortes de poissons, aussi bien ceux qui sont propres aux étangs que ceux qui habitent dans les lacs : truites, carpes, tanches, ombres, etc., ce sont les espèces que l'on a le plus d'intérêt à propager en même temps que les espèces migratrices, saumons, truites de mer et truites saumonnées, aloses. Ces derniers poissons sont ceux qu'il importe le plus spécialement de multiplier au point de vue économique surtout; ils trouvent dans les profondeurs des mers la plus grande partie des aliments nécessaires à leur accroissement et par suite de leurs migrations périodiques dans nos eaux douces, ils nous offrent une prise estimée qui n'a causé aucune dépense de nourriture; il n'en est pas de même des espèces sédentaires qui prennent leur alimentation dans nos eaux.

Saumon commun (*Salmo salar*). — Corps allongé recouvert de petites écailles, tête un peu petite, ayant une bouche bien fendue et garnie de dents fines, deux nageoires au dos dont une molle (adipeuse), dos verdâtre presque noir, flancs bleuâtres avec des reflets argentés, nageoire du dos bleuâtre.

C'est une des plus grandes espèces du genre, sa chair est rouge ou du moins de la couleur particulière à laquelle on a donné le nom de saumon.

Chez certains vieux mâles, la proéminence de la mâchoire est telle qu'on les a à tort considérés comme appartenant à une variété particulière connue sous le nom de Beccards.

Les saumons sont des poissons essentiellement migrateurs. Ils naissent dans l'eau douce, y passent leur première jeunesse, puis descendent dans la mer pour s'y développer, s'y engraisser, puis reviennent à leurs lieux d'origine pour s'y reproduire.

Cette particularité augmente l'utilité commerciale du saumon, il ne demande que peu aux eaux où il est pêché, la nourriture nécessaire à la majeure partie de son accroissement étant prise dans les profondeurs de la mer. Sa forte taille, sa chair délicate et rosée, en font un poisson de grande valeur.

Le saumon subit plusieurs transformations et dans sa robe et dans sa forme. Depuis sa sortie de l'œuf où il ne mesure que 15 millimètres de longueur et pèse

10 à 12 grammes jusqu'en mai-juin de l'année suivante, où il a en moyenne une longueur de 15 à 20 centimètres et un poids de 50 grammes, le saumon est connu sous le nom de *Parrs*; sa robe est d'un bleu clair lisse avec quinze ou dix-huit bandes noirâtres qui descendent transversalement du dos sur les flancs.

Au moment où il atteint ses dix-huit mois ses écailles commencent à s'argenter et en une huitaine de jours son dos se colore en bleu d'acier, sur les flancs brillent trois ou six taches bleu d'acier restant des bandes du Parr; le ventre est bleu nacré. Sous cette livrée, il se rend à la mer pour la première fois et reçoit le nom de *smolts*.

Toutefois tous les parrs ne se changent pas en smolts au bout de ce laps de temps : plus de la moitié paraissent conserver leur première livrée et restent dans les eaux douces deux ou trois ans.

A l'état de parr, le saumonneau mâle peut avoir déjà de la laitance, tandis que les femelles n'ont jamais d'œufs.

Au bout de deux à quatre mois de séjour dans les eaux salées, en juillet-août, le poisson revient. Il pèse 1 kilogramme et demi à 3 kilogrammes et porte alors le nom de *grisle*; les taches, qui rappelaient sur le smolt la livrée du parr, ont complètement disparu. Leur grosse tête est devenue effilée. Il a les couleurs et la forme du saumon adulte, toutefois sa coloration est plus pâle et n'a pas les taches grises qui la rehausseront plus tard, le corps est plus allongé.

De même que tous les parrs ne se rendent pas à la mer la première année de leur naissance, de même tous les smolts ne reviennent pas tous dans les eaux douces à l'état de grisles au bout de deux à trois mois; beaucoup d'entre eux ne remontent en rivière qu'au printemps suivant, leur aspect est alors presque celui des saumons adultes, dont ils diffèrent toutefois principalement par la forme de la queue qui est moins fourchue.

Après la ponte, c'est-à-dire en novembre-décembre, les grisles retournent à la mer, puis souvent reviennent dans les eaux douces deux à trois mois après. — Mais si la croissance des smolts qui deviennent grisles est déjà extraordinaire, celle des grisles est encore plus surprenante, ils redescendent les fleuves accablés de fatigue, pesant 3 kilos au maximum; au bout de ces deux mois, ils ont passé de 30 centimètres de longueur à 50 centimètres et pèsent alors 4, 5, 6 kilos. Ce sont des saumons adultes.

A partir de cette époque commence le cours régulier de leur migration périodique. Les premiers jours du printemps ils quittent la mer pour entrer en troupes dans les fleuves d'eau douce, ils nagent ordinairement à la surface de l'eau qu'ils agitent violemment, leur rapidité est très grande (40 lieues à l'heure, d'après De la Blanchère, dans les moments de danger), des digues de 4 à 5 mètres de hauteur ne peuvent les arrêter. Ils les franchissent en courbant leur dos en arc et le débandant avec la force d'un ressort. Le choc contre l'eau suffit pour enlever l'animal à une grande hauteur dans les airs. C'est ainsi que le poisson remonte les fleuves et les petites rivières et vient frayer dans les eaux limpides à fond de gravier ou de sable; la ponte a lieu d'octobre à décembre.

C'est principalement au moment où les eaux sont grossies et troublées par les crues que les saumons commencent à remonter les fleuves jusqu'aux lieux qu'ils trouvent propices pour la ponte.

Après cet acte, le saumon devenu mou et faible retourne à la mer en même temps que les grisles qui ont remonté les eaux douces pour la première fois.

L'accroissement à partir de ce moment n'est pas aussi rapide, mais les données à ce sujet sont très vagues. Tout ce que l'on sait c'est que toutefois qu'il va à la mer le saumon augmente en poids, augmentation qui, à ce que prétend M. Raveret-Wattel, peut être de 3 kilos et plus.

Du reste les saumons de 13 kilos ne sont pas rares : il existe à Londres des moulages pris sur nature de saumons pesant 20, 30, 35 kilos. Le plus grand de ces monstrueux poissons mesure 1ᵐ,30 de long.

On est arrivé à déterminer ces diverses migrations en marquant divers sujets avec de minces fils de platine attachés à la nageoire adipeuse et supportant une petite plaque portant un numéro d'ordre.

On a constaté, à de rares exceptions près, que tous les saumons étaient repris dans le fleuve même où ils avaient été mis en liberté ou bien à proximité de son embouchure et qu'ils revenaient fidèlement frayer à l'endroit de leur naissance.

Quant à la nourriture de ces poissons pendant leur migration en mer, on ignore absolument quelle est sa nature. Dans les rivières, les saumons se nourrissent d'éphémères, d'insectes aquatiques, mais ceux qu'on prend en mer ont toujours l'estomac vide. Or, l'accroissement qu'a subi la taille de ces poissons, quand ils reviennent après un séjour de quelques semaines dans l'eau salée, prouve indubitablement qu'ils y trouvent une abondante alimentation. Dans quelques circonstances seulement, l'estomac des saumons pris en mer contenait des traces d'aliments. Un de ces poissons, capturé dans un loch écossais, rejeta, au moment où on le sortait de l'eau, des débris d'anguilles. L'anguille, qui descend également à la mer pendant une partie de son existence, pourrait alors y servir de nourriture au saumon. Le numéro du 26 juillet 1890 du journal anglais *Field* mentionnait un saumon dont l'estomac contenait plusieurs saumonneaux. Le saumon deviendrait donc carnivore pendant son séjour en mer. Si du reste cette espèce ne se nourrissait que par voie de succion ses dents inutilisées porteraient des traces de dégénérescence; or, tel n'est pas le cas, ces dents courtes et arrondies ayant bien les caractères d'organes servant à un usage continu. On cite en outre un pêcheur de la Severn, auquel un saumon lacéra horriblement la main qu'il lui avait introduite dans les ouïes, et on a vu à diverses reprises des saumons poursuivre d'autres poissons dans la mer. On a attribué à l'effroi l'état de vacuité dans lequel se trouve l'estomac des saumons pris en mer. Au moment où le poisson se sent emprisonné dans les mailles du filet, il expulserait le contenu de son estomac.

Le saumon aime les eaux vives et courantes à fond

de gravier et ce sont celles-là qu'il recherche pour frayer. Les œufs sont déposés au fond d'un trou, de 15 à 20 centimètres de profondeur moyenne, creusé dans le sable par la femelle aidée du mâle ; souvent, au lieu de trous, les deux animaux formant le couple creusent, au moyen des abdominales et caudales, des sillons longs de 2 à 3 mètres, larges de 8 à 10 centimètres, au fond desquels ils déposent les œufs et les fécondent. Comme ces sillons sont placés au plus fort du courant, ils les recouvrent de sable, et même, assure-t-on, les entourent de petites pierres en formant rempart contre la force de l'eau.

Les deux poissons se retirent ensuite dans une eau plus profonde des environs, le mâle regagne la mer au bout d'une quinzaine de jours, tandis que la femelle attend l'éclosion des œufs. Ces œufs, qui sont pondus au nombre de 17 à 25 000, suivant la taille de la femelle, et pendant une durée de huit à dix jours, sont transparents, d'une belle couleur rose et gros comme un petit pois. L'incubation dure de quatre-vingt-dix à cent quarante jours suivant la température des eaux, mais les alevins n'ont pas de suite une forme de poisson parfait. Leur tête est grosse et sous le ventre s'étend un sac, rempli de matières albumineuses, que l'on nomme vésicule ombilicale. Le jeune alevin se nourrit trente à quarante jours des matières contenues dans ce sac, et qui gênent ses mouvements. Quand cette vésicule a disparu, le parr est formé et peut circuler librement dans les eaux.

Le saumon donne une chair très recherchée, aussi depuis des siècles lui fait-on une guerre acharnée. Il était autrefois beaucoup plus commun. Du temps de Walter Scott, les domestiques mentionnaient dans leur contrat de louage qu'on ne devait leur servir du saumon qu'un certain nombre de fois par semaine.

Pour contre-balancer la pêche excessive qui en est faite, on est obligé de recueillir les œufs des saumons, d'en féconder artificiellement une certaine quantité, et de lâcher les jeunes alevins dans les rivières ou fleuves d'eau douce. La Hollande, qui fournit presque à elle seule tout le poisson vendu aux halles de Paris, ne maintient la richesse de ses pêcheries que par un repeuplement intelligent.

Le salmo salar a donné naissance à plusieurs variétés, nous citerons :

1° Le *saumon Heusch* ou *saumon du Danube* (*Salmo Hucho*), qui remplace le saumon commun dans la mer

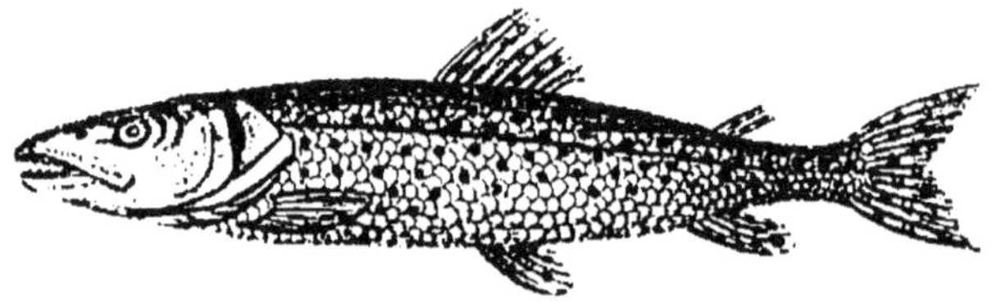

Fig. 47. — Le Heusch.

Caspienne et la mer Noire, est particulièrement commun dans le Danube. Son corps est plus long, plus rond, sa tête plus allongée que chez le saumon ordinaire. Les bandes transversales foncées, que l'on observe chez les jeunes saumons, se trouvent également sur les jeunes saumons du Danube; mais à mesure que le poisson grandit, elles se transforment en taches isolées, plus ou moins irrégulières, qui chez les vieux n'existent plus que sur le dos. C'est un joli poisson, tout argenté, à reflets lilas; en vieillissant, la teinte d'argent violacée envahit le corps et ne laisse sur le dos qu'une bande vert-bleu sombre, marquée de quelques petites taches noires. Il est beaucoup plus vorace que le saumon ordinaire, et se nourrit d'une plus grande quantité de petits poissons. Sa chair est blanche et un peu molle.

Saumon de Californie ou *saumon Quinnat* (*Salmo Quinnat*). — On ne rencontre aucun saumon dans les eaux de la Méditerranée. On espère que ce poisson s'y acclimatera facilement. La Société d'acclimatation a entrepris de vastes essais d'empoissonnement de la rivière de l'Aude. M. de Jousset de Bellesme, le savant directeur de l'aquarium du Trocadéro, a réussi à acclimater ce poisson dans le bassin de la Seine. Il serait trop long de donner sa description scientifique; rappelons simplement que ses flancs sont gris avec reflets argentés, le dos est vert foncé et semé de taches rhomboïdes ou ocellées; pas de taches sous la ligne latérale. Il atteint et dépasse le poids de 15 kilogrammes, sa chair est fine. Nous n'avons qu'à souhaiter que les expériences de la Société d'acclimatation soient couronnées de succès. On peut dire maintenant qu'elles commencent à l'être, et tout prouve qu'elles se maintiendront dans cette voie; car dans son pays d'origine, le saumon Quinnat réussit très bien dans des eaux trop chaudes pour le salmo salar.

II. — Autres espèces migratives.

Truite de mer (*Salmo Schefermulleri*). — Ce poisson, de dimension moindre que le saumon, en diffère surtout par ses dents plus longues et plus grêles, par son dos et sa tête gris métallique et par ses flancs semés de petites taches en forme de croissant sur un fond argenté. Sa chair est jaune.

Cette truite, qui a les mêmes habitudes que le saumon, serait plus vorace : elle s'attaquerait, paraît-il, aux jeunes saumons et il est en effet à remarquer que dans les rivières où les truites de mer se multiplient les saumons diminuent.

Truite saumonée (*Salmo Trutta*). — La truite saumonée diffère de la truite commune par la couleur de

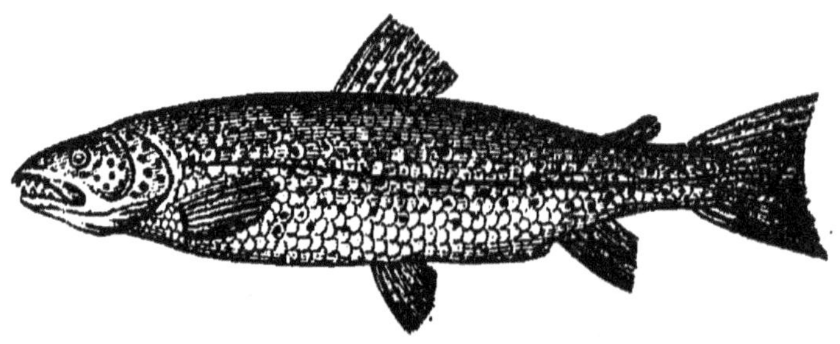

Fig. 48. — La Truite saumonée.

sa robe, par sa tête un peu plus petite, et surtout par sa chair, qui est rosée comme celle du saumon; le dos est brun, les flancs offrent en entier un ton d'argent enfumé, ils ont des taches nombreuses, noires, mélangées de brun pâle. La femelle diffère du mâle, le dos est vert clair assez vif, les flancs et le ventre argentés, un peu reflétés de lilas. Les taches sont nombreuses, petites, pâles, dépassant peu la ligne latérale. Cette truite se rendrait, paraît-il, comme le saumon, à la mer pour revenir frayer dans les lacs et ruisseaux à eau vive des hautes montagnes, pendant l'hiver, plus tôt ou plus tard, suivant la température. Elle se nourrit de vers, insectes aquatiques et poissons absolument comme les autres Salmonides; sa chair est très recherchée. La truite saumonée atteint facilement une longueur de 60 à 70 centimètres et pèse souvent jusqu'à 4 kilogrammes et plus.

Alose (*alosa clupea*). — Corps très mince, plus comprimé encore que celui de la brème, avec laquelle elle a une certaine analogie de forme. Dos vert-olive pâle avec des

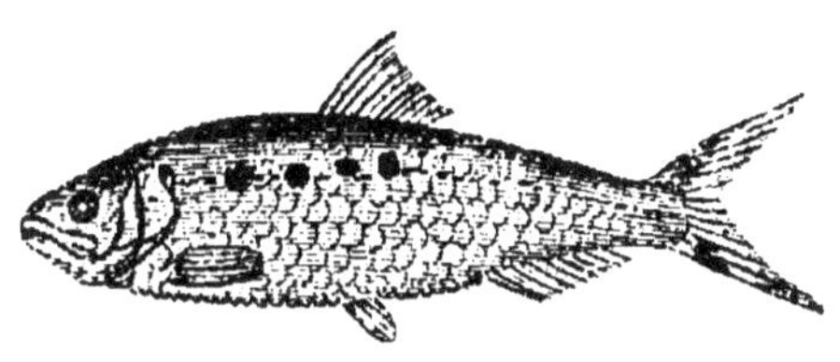

Fig. 49. — L'Alose.

reflets dorés et irisés; flancs, gorge et ventre nacrés à reflets un peu verdâtres et comme dorés.

Les aloses habitent l'Océan et la Méditerranée. Elles remontent au printemps en franchissant les digues, les fleuves jusque près de leur source, puis elles retournent à la mer deux ou trois mois après; l'alose n'a pas la même force que les saumons pour remonter les courants et sauter les barrages, elle recule devant des chutes un peu fortes et des déversoirs à nappes rapides.

La femelle pond en mai-juin, au crépuscule, 60 à 100 000 œufs petits, très légers, libres, qu'elle dépose sur le gravier au milieu du courant qui les promène et les descend. L'éclosion se produit soixante à soixante-dix heures après la fécondation et la résorption de la vésicule ombilicale est complète au bout de deux ou trois jours. En août-septembre, on rencontre dans les fleuves et leurs affluents de jeunes aloses de 6 à 8 centimètres de long descendant à la mer.

On réussit très bien la fécondation artificielle et l'incubation de ses œufs au moyen d'appareils spéciaux.

La chair de l'alose, lorsqu'elle est prise au moment de la montée, est très recherchée quoiqu'elle soit remplie d'arêtes; à la descente elle est molle et flasque.

Sa taille est en moyenne de 65 à 70 centimètres de long et son poids est de 2 à 3 kilos.

Les Américains apprécient beaucoup l'alose. Par son aptitude à supporter le manque de fraîcheur et de pureté des eaux, par sa prodigieuse fécondité, par la facilité avec laquelle elle se prête à la multiplication artificielle, elle paraît devenir essentiellement le poisson du pauvre. Suivant la remarque fort juste d'un pisciculteur américain, M. Seth-Green, en cultivant les Salmonides on travaille seulement pour un certain nombre de consommateurs, en propageant l'alose on travaille pour la masse.

L'*alose finto* (*alosa finta*) habite les mêmes eaux, sa chair est moins estimée, sa taille moindre que celle de l'alose ordinaire, elle est de forme plus allongée. Elle remonte aussi plus tard, juin-juillet, dans les fleuves où elle va pondre.

Signalons aussi l'**alose pontique** (*alosa pontica*) de la mer Caspienne, à chair meilleure que celle de notre espèce commune.

Esturgeon (Acipenser Sturio). — L'esturgeon commun, qui peut atteindre 2 mètres de long, est reconnaissable par son corps allongé, par sa tête large à la base terminée par un museau pointu.

C'est un poisson de mer qui remonte les fleuves pour y déposer son frai en avril-mai. Ce frai est très abondant, on a pu compter dans un individu femelle pesant à peine 80 kilos près de 1 500 000 œufs; ce sont ces œufs qui fournissent le caviar si apprécié en Russie.

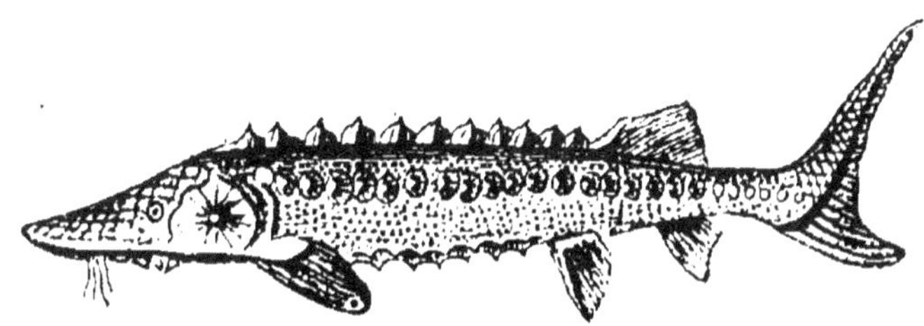

Fig. 50. — L'Esturgeon.

Il se nourrit de poissons, harengs et maquereaux, vers, reptiles, insectes, et retourne à la mer après la ponte; les jeunes passent près d'un an en eau douce. La chair de l'esturgeon pêché dans les fleuves est fort estimée. Ce poisson est encore commun en Russie, quoiqu'il devienne depuis quelques années plus rare. On le rencontrait autrefois fréquemment dans nos fleuves; d'anciennes chartes signalent sa pêche dans le Rhône en grande abondance; sa chair était une denrée si commune qu'on le vendait un sou la livre en Provence.

Il serait utile d'essayer de propager cette espèce, comme on le fait en Suède et en Russie.

Le *petit esturgeon* ou *sterlet*, qui n'atteint que 60 à 70 centimètres de long, est particulièrement prisé. Le caviar obtenu avec ses œufs est exquis. Il se trouve dans les fleuves qui se jettent dans la mer Noire. Il peut parfaitement vivre en eaux fermées.

Le *grand esturgeon*, le *belouga* des Russes, a quelquefois jusqu'à 3 mètres de long et pèse de 400 à 600 kilos.

Lamproie (*Petromyzon fluviatilis*). — La lamproie, qui peut atteindre 40 centimètres de long, rappelle l'anguille par la forme de son corps. Elle est surtout remarquable par sa bouche en forme de suçoir garnie de dents diversement plantées.

Fig. 51. — La petite Lamproie.

Ce poisson est migrateur. Il remonte la mer pour frayer dans les eaux douces, depuis le mois d'avril jusqu'au mois de juin. Il dépose ses œufs sur le gravier, et on croit qu'il meurt après la ponte.

On distingue trois espèces de lamproies, l'une qualifiée de marine et appelée grande lamproie, atteint un mètre de longueur et un poids de 1 500 grammes. On la trouve dans le Rhône, l'Hérault, la Garonne, la Loire et la Seine.

L'espèce dite fluviatile n'atteint que la moitié des dimensions de l'espèce marine. La troisième, plus petite encore, et désignée sous le nom de *sept œil* ou de *lamproyon*, se rencontre dans toutes les eaux d'Europe. Elle se tient presque toujours cachée dans le sable, sous les herbes et sous les pierres. Elle subit des métamorphoses : à l'état de larve, on l'appelle *ammocète*. Il est probable que les autres espèces subissent des métamorphoses analogues.

Les lamproies s'attachent aux pierres avec leur suçoir, et laissent leur corps flotter au gré de l'eau. Elles se fixent sur le tronc des gros poissons, dont elles déchirent la chair et sucent le sang.

Pour les transporter vivantes, on les fait se fixer par la bouche contre une barre de bois, et on les place ainsi dans un cuveau rempli d'eau, dont on a soin de maintenir la fraîcheur et l'aération.

En captivité, dans un réservoir, les lamproies peuvent vivre fort longtemps (Gauckler).

III. — Espèces sédentaires.

Les espèces sédentaires qui habitent nos fleuves et rivières d'eau douce appartiennent en grande partie à la famille des Cyprins. Nous connaissons déjà la carpe, la tanche, qui font partie de cette famille ainsi que la perche, le brochet, l'anguille classés dans d'autres genres. Tous ces poissons réussissent parfaitement dans les cours d'eau, nous ne reviendrons pas sur ces poissons étudiés précédemment; nous nous bornerons à signaler aux pisciculteurs quelques autres variétés d'importance beaucoup moindre qui habitent nos fleuves et rivières.

Nous commencerons en suivant l'ordre alphabétique par les :

Ablettes. — Petits poissons que l'on rencontre dans tous nos fleuves et rivières. On distingue plusieurs espèces : l'ablette commune (*alburnus lucidus*), d'une longueur de 15 centimètres, corps étroit, un peu aplati et allongé, argenté et brillant, côtés, flancs et ventre blanc argenté, sans reflet coloré. On trouve ce poisson dans toutes nos rivières, les écailles blanches et argentées se détachent facilement et servent à faire des perles fausses au moyen d'une préparation que l'on appelle essence d'Orient. « Pour obtenir cette matière nacrée que l'on nomme essence d'Orient, dit M. John Fisher [1], on enlève doucement, à l'aide d'un couteau peu tranchant, les écailles argentines au-dessus d'un baquet d'eau, où on les lave à plusieurs reprises. On prend en suite le dépôt, que l'on place dans un tamis très clair, et on lave à grande eau au-dessus d'un vase; la matière nacrée passe seule et se précipite au fond du vase, elle forme une masse boueuse d'un blanc bleuâtre très brillant : c'est là l'essence d'Orient. Cette matière est délayée dans de la colle de poisson et elle est alors prête à servir. Introduite dans un globule de verre, que l'on agite en tous sens et que l'on fait sécher rapidement au-dessus d'un poêle, elle lui donne les nuances et les reflets des perles fines. On remplit ensuite le globule de cire fondue, qui consolide le verre et fixe l'essence contre sa paroi intérieure. Cette fabrication a pris en France une grande extension dans ces derniers temps. » Il faut environ 40 000 ablettes pour obtenir 1 kilogramme d'essence.

Sa chair est peu prisée; dans quelques pays néan-

---

1. John Fisher, *Pêche à la ligne.*

moins, en Suisse par exemple, on sale et on sèche ce poisson, puis on le mange préparé à l'huile et au vinaigre.

Les autres variétés sont l'*ablette alburnoïde* (*Cyprinus* ou *Aspius alburnoïdes*).

L'*ablette biponctuée* (*Cyprinus* ou *Aspius Bipinctatus*, Lin.), connue dans la Seine sous le nom d'éperlan de rivière.

L'*ablette hachette* (*Luciscus Dolabratus*, Holl.), qui se trouve dans la Moselle et le Rhin.

Les ablettes frayent généralement en mai et juin, déposant sur les plantes aquatiques flottant à la surface des eaux un nombre prodigieux d'œufs blancs translucides qui demandent pour éclore une température de 14 à 16 degrés.

Ces poissons sont une excellente nourriture pour les salmonides, brochets et perchés, etc., et par là offrent un certain intérêt aux pisciculteurs.

Barbeau commun (*Cyprinus barbus*, Lin.). — Longueur maximum 1 mètre. Corps allongé fusiforme; dos verdâtre, côtés et ventre blancs ou blanchâtres; anales, ventrales et pectorales un peu jaunes, quelquefois orangées; dorsale et caudale verdâtres mêlées de rouge, quelquefois bordées de noir, quatre barbillons au bout de la mâchoire supérieure, dont deux à la naissance des lèvres. La dorsale a dix rayons. Le troisième de cette nageoire est dentelé des deux côtés. L'anale, courte et forte, présente huit rayons dont trois plus forts. Les pectorales en ont seize, la dorsale douze, dont quatre plus grands; la caudale dix-neuf. La tête est allongée.

Ce poisson se tient dans les eaux pures, vives et limpides, au fond, sur les cailloux et dans les courants les plus rapides. L'Italie a quelques espèces voisines dont l'épine est plus faible, et qui néanmoins diffèrent des goujons par leurs quatre barbillons.

Le barbeau se nourrit de vers, de poissons, d'insectes, de mollusques et de toutes matières animales charriées au fond des eaux. On le rencontre dans presque tous les cours d'eau en plus ou moins grande

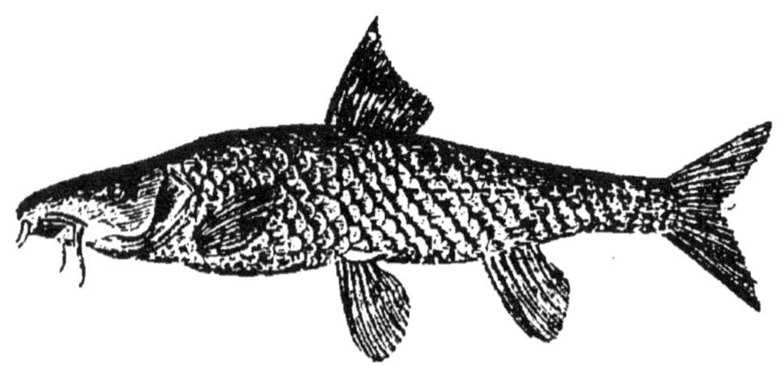

Fig. 52. — Le Barbeau.

quantité; le barbeau fraye à l'âge de trois ou quatre ans, la femelle pond de 7 à 8 000 œufs du mois de mai à celui de juin, qu'elle dépose sur les graviers, au fond des courants profonds et rapides. Ces œufs sont jaune orangé, collants, gros comme un grain de millet, ils demandent une température de 8 à 10 degrés pour éclore, l'éclosion a lieu du neuvième au quinzième jour, suivant la température. Les œufs de barbeau sont venimeux et peuvent causer des accidents assez graves à ceux qui les consomment, mais la laitance est sans danger et très délicate. La croissance du barbeau est rapide, sa longueur est de 30 cen-

timètres en moyenne et son poids de 250 grammes.
Il peut toutefois atteindre une longueur de 70 centimètres. Sa chair est blanche. Il prospère aussi dans
les étangs à eau pure.

Brèmes. — Poissons à corps très large et très plat.
On en distingue plusieurs espèces.

Brème commune (*Cyprinus Brama*). — On met souvent cette brème au nombre des carpes, mais elle se rapproche beaucoup plus du gardon, quoique beaucoup

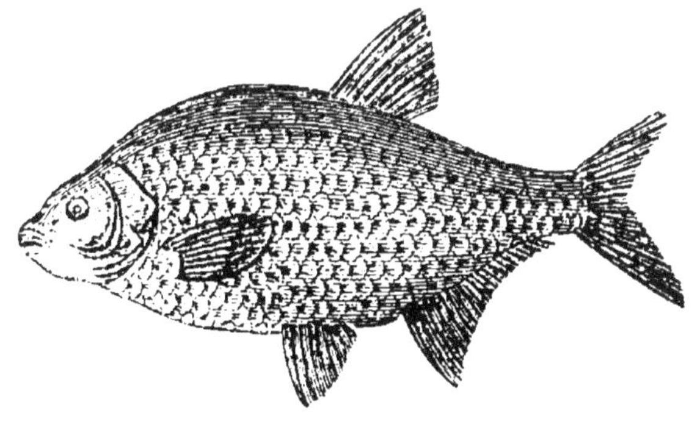

Fig. 53. — La Brème.

plus grosse, plus large et plus épaisse; sa longueur
moyenne est de 35 à 40 centimètres de long et son
poids moyen est de 500 à 700 grammes; elle peut toutefois atteindre avec l'âge 60 centimètres de longueur
et 3 kilos de poids. La brème fraye d'avril à juin;
la femelle dépose sur les roseaux et plantes du rivage
140 000 œufs blancs ou gris verdâtre transparents, les
grosses frayent avant les petites, on remarque trois
époques de fraye. Les œufs éclosent après huit ou
dix jours d'incubation à 18 ou 20 degrés centigrades.

La brème aime les eaux tranquilles et fuit les courants. Elle croît assez rapidement et se nourrit de

végétaux, d'insectes et de vers, sa chair est blanche
et a bon goût, mais elle est molle et par suite peu
estimée.

Il existe aussi les variétés suivantes : Brème de
Gehin (Abramus Gehini); Brème rosse (Abramus
abramo rutulus); Brème bordelière (Cyprinus vel
Abramus blicca).

Chabot commun ou ***de rivière*** (*Cottus gobio*). — Tête
très grosse, aplatie en dessus, corps varie de brun et
de noir. La conformation
bizarre du chabot qui lui
donne une certaine ressemblance avec le têtard de
grenouille, lui a valu selon
les contrées les noms de
« grosse tête », chapsot,
caboche, têtard, etc.

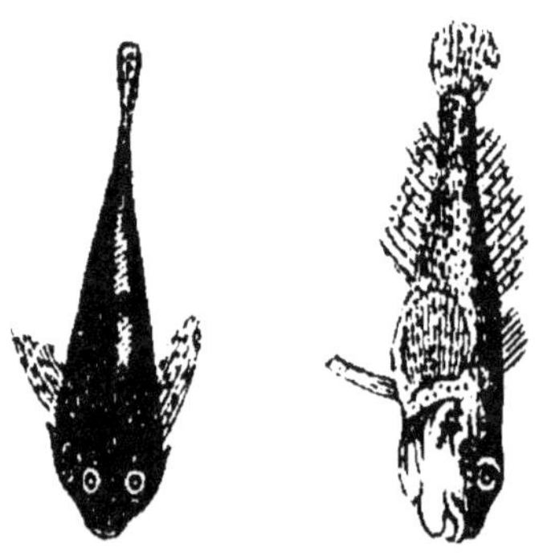

Fig. 54. — Le Chabot.

La femelle, plus grosse
que le mâle, pond en avril-
mai une certaine quantité d'œufs gros et jaunâtres,
déposés en pelotes dans le sable du fond de la rivière.
Le mâle garde ces œufs avec une grande vigilance
pendant une trentaine de jours, jusqu'à ce que les
jeunes soient éclos.

Ce poisson fréquente principalement les eaux vives,
il se nourrit de substances végétales ainsi que de
larves, d'insectes divers, de frai et de jeunes alevins;
aussi doit-on l'éloigner des frayères. Sa chair est
savoureuse. Les Salmones en sont fort friands, à
ce titre il mérite d'attirer l'attention du pisciculteur.

Chevesne commun (*Leuciscus dobula*). — Ce poisson, connu sous le nom de barbotteau, chevanne, chevesne, garbotteau, meunier, vilain, est extrêmement commun dans nos cours d'eau, il se plaît particulièrement dans les cascades et courants d'eau rapides près des usines hydrauliques, d'où lui vient le nom de *meunier*, sous lequel il est généralement connu.

Le chevesne atteint une longueur moyenne de 30 à 40 centimètres et un poids de 1 kilogramme à 1^{kg},500. Mais on en rencontre qui pèsent parfois 3 kilogrammes. C'est un poisson omnivore par excellence, il est le grand nettoyeur des cours d'eau et se montre très friand de petits poissons. La femelle pond au mois d'avril au milieu des pierres et des graviers une quantité énorme d'œufs, collants, gros comme une graine de pavot, de couleur jaune pâle. Ces œufs éclosent au bout de huit à dix jours. La chair de ce poisson est assez bonne, mais elle est grosse et pleine d'arêtes.

Épinoche (*Gasterosteus aculeatus*). — Petit poisson remarquable par l'aiguillon qu'il possède sur le dos. Chair immangeable. Sa voracité doit le signaler à l'attention du pisciculteur, il attaque des alevins plus gros que lui, il se multiplie beaucoup et est partout nuisible.

Gardons. — Poissons à corps élevé, comprimé, on en connaît plusieurs espèces.

Rosse ou ***gardon blanc*** (*Leuciscus rutelus*). — Dessus du corps verdâtre avec des reflets bleus, ventre argenté. Le gardon blanc est susceptible d'acquérir un volume assez considérable, quoique son poids moyen ne dépasse pas 200 à 500 grammes. Il aime les eaux vives et peu rapides, claires avec fond de sable ou de pierres. C'est un poisson vif et agile qui se nourrit de petites proies vivantes et surtout de matières végétales. Il fraye par bandes nombreuses en mai-juin sur les plantes aquatiques du fond ou sur les berges pierreuses. Les œufs sont collants, très petits, jaunes, la femelle est très prolifique, les jeunes naissent au bout

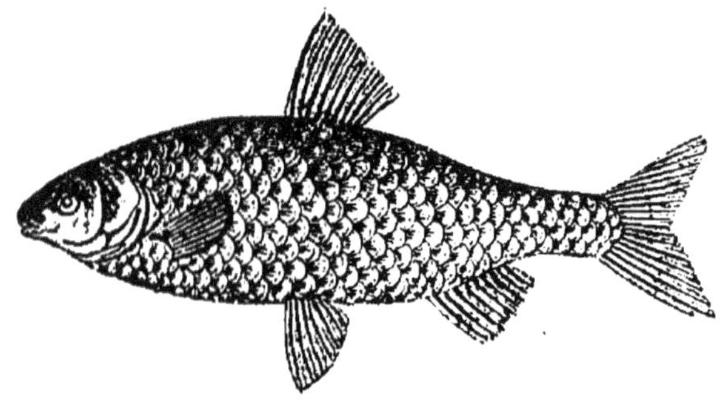

Fig. 55. — La Rosse.

de quelques jours. La chair de ce poisson est naturellement blanche, mais la cuisson lui donne quelquefois une teinte rouge. Tous les poissons carnassiers le dévorent avec avidité et grâce à sa fécondité jointe à sa rusticité, il est d'une grande ressource pour l'élevage des Salmones. Citons encore : le *gardon rouge* ou *rotongle* (*Leuciscus erythrophalmus*); le *gardon de Selys* (*L. Selysii*); le *vengeron* (*L. prosinus*); le *gardon rutiloïde* (*L. rutiloïdes*); le *gardon pâle* (*L. palleus*).

Goujon (*Gobio fluviatilis*). — Corps allongé en forme de fuseau, deux barbillons de chaque côté de la bouche. Le goujon recherche les eaux vives de nos rivières, ni trop froides, ni trop rapides, dans les eaux froides le vairon le remplace, il préfère les fonds de sable à tous les autres. Sa taille moyenne est de 12 centimètres. Au mois d'avril ou de juin, il remonte en troupes nombreuses pour frayer, la femelle pond entre les pierres sur les fonds sablonneux des œufs bleuâtres, très petits, qui éclosent au bout de six à huit jours. La ponte dure un mois environ. La chair

Fig. 56. — Le Goujon.

du goujon est fine et délicate. Qui n'a entendu parler des fritures de goujon?

Les poissons carnivores en détruisent énormément, aussi deviennent-ils de plus en plus rares dans nos cours d'eau. « Au grand désespoir des pêcheurs et canotiers. Étant donnée cette affection des poissons carnassiers pour le goujon, nombre d'auteurs conseillent de le cultiver spécialement pour servir de nourriture aux truites et aux salmonides ; d'autres espèces moins recherchées rempliront parfaitement ce but et le goujon fera toujours bonne figure sur les marchés ; aussi ne saurions-nous assez engager les pisciculteurs près des grandes villes à tenter l'élevage en grand de ce petit poisson, certain qu'ils trouveront un beau bénéfice dans la vente du goujon.

Loche franche (*Cobitis barbatula*). — Petit poisson de 12 centimètres de long à corps entièrement cylindrique, brun et vert sur un fond jaune, à tête petite munie de barbillons, que l'on rencontre dans les petits ruisseaux vifs et clairs. Il se tient toujours au fond de l'eau et se cache sous les pierres.

La loche fraye en mars-avril, ses œufs, jaunes,

petits, sont nombreux, elle les dépose sur des pierres ou graviers dans les eaux courantes.

Ce poisson se nourrit d'insectes aquatiques, vers et œufs. Sa chair est excellente.

En Allemagne, d'après Bosc, on favorise ainsi la multiplication de la loche. « On fait une caisse de huit pieds de long et de moitié de profondeur et de largeur, au milieu d'un ruisseau d'eau vive dont le fond est caillouteux, et on la garnit littéralement de

Fig. 57. — La Loche franche.

percées et de claies, de manière à ce qu'il y ait un demi-pied d'intervalle entre ces planches et les côtés, afin de pouvoir y entasser du fumier de mouton.

Les loches trouvent une nourriture abondante dans ce fumier et dans les vers qui s'y engendrent et multiplient à un point incroyable. » Procédé à recommander, car, comme le goujon, la loche peut donner un produit rémunérateur.

Lotte (*Gadus lota*). — Le corps de ce poisson est long, arrondi, épais et glissant comme celui de l'anguille, il porte un barbillon au menton. La lotte, qui obtient en général une longueur de 60 à 70 centimètres et un poids de 3 à 4 kilogrammes, est répandue dans tous les cours d'eau de l'Europe, où elle se fait remarquer par sa voracité qui égale presque celle du brochet, elle cherche en rampant sur le sol le frai des poissons dont elle est très avide. Elle se cache dans la vase ou sous une pierre à l'affût des autres poissons, qu'elle attire en agitant son barbillon qui ressemble alors à un vermisseau sortant de terre. Elle dépose de février à avril sur le sable des eaux tranquilles et peu profondes une quantité innombrable d'œufs blancs microscopiques. Sa chair est blanche, savoureuse,

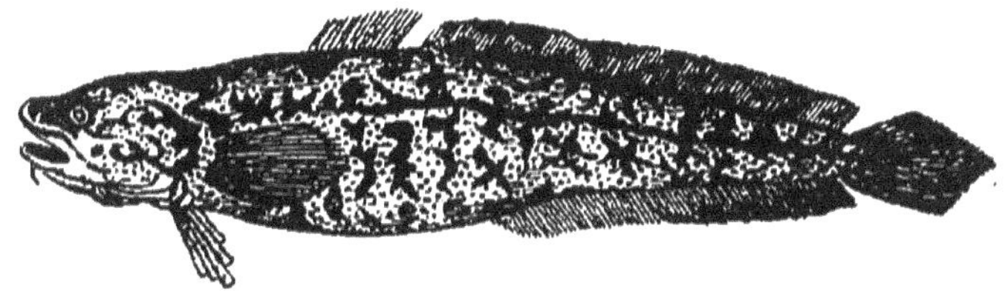

Fig. 58. — La Lotte.

ferme, sans arête; le foie a la réputation d'être excellent, si l'on en croit un ancien proverbe :

> Pour un foie de lotte
> Femme donne sa cotte.

Vairon et **vandoise**. — Petits poissons sans valeur alimentaire, mais dont le fretin est fort utile pour la nourriture des Salmones.

CHAPITRE XI

MULTIPLICATION ARTIFICIELLE DES POISSONS MIGRATEURS

I. Saumon. — II. Alose.

I. — Saumon.

Nous avons dans la partie précédente minutieusement étudié les procédés de multiplication artificielle des truites et de tous les Salmonides en général; tout ce que nous avons dit s'applique parfaitement au saumon migrateur, nous nous bornerons à ajouter quelques renseignements qui s'appliquent plus particulièrement à ce poisson.

Récolte des œufs. — Tous les pisciculteurs sont unanimes à reconnaître que l'opération la plus difficile en même temps que la plus pénible de l'élevage du saumon, c'est la récolte des œufs à féconder. Cette récolte a lieu, en effet, pendant la mauvaise saison, c'est-à-dire souvent par un froid des plus vifs, au milieu de la neige ou sous une pluie torrentielle et glaciale comme il en fait en novembre et en décembre. Au bord d'un cours d'eau, sous une bise mordante, les mains s'engourdissent à manier les saumons froids comme la glace, et difficiles à contenir, car ces poissons qui atteignent fréquemment un poids d'une vingtaine de livres, luttent vigoureusement et cependant l'opérateur, courbé en deux ou un genou à terre, les vêtements inondés, doit s'efforcer de ne point blesser ses captifs s'il veut en assurer la conservation. Il faut aussi compter avec les hasards de la pêche : fréquemment le filet n'amène que des femelles quand on aurait besoin de mâles ou *vice versa*, ou bien il n'apporte que des sujets qui ne sont pas encore prêts à frayer.

On a essayé de remédier à cet inconvénient, soit par l'établissement de frayères artificielles où les saumons viennent pondre leurs œufs que l'on récolte ensuite tout fécondés, soit par des sujets reproducteurs.

Frayères artificielles. — On cherche à imiter les conditions que les saumons recherchent naturellement pour frayer, c'est-à-dire que l'on établit un petit ruisseau artificiel qui se déverse par une petite chute dans le cours d'eau fréquenté par les saumons ; ceux-ci, attirés par cette eau qui se déverse bruyamment, franchissent la chute et viennent pondre sur les graviers dont on a préalablement garni le fond de ce bassin artificiel. La ponte effectuée, on cherche les œufs parmi les cailloux pour les mettre en incubation dans des appareils ; mais cette recherche est fort laborieuse ; aussi tient-on maintenant à se servir d'un appareil plus pratique imaginé en premier lieu par M. Ainsworth et perfectionné par M. Colins.

M. Welmot, surintendant de la pisciculture au

Canada, a été un des premiers à l'employer pour la récolte des œufs de Saumons : il a fait établir un bassin couvert de 22 mètres de long sur 3 mètres de large. Ce bassin est alimenté par une saignée faite à la rivière qui longe l'établissement. Le fond en est revêtu d'un plancher, à 10 centimètres duquel se trouve une sorte de treillage en fortes barres de bois, espacées entre elles de 40 centimètres dans le sens de la largeur du bassin et de 1 mètre dans le sens de la longueur. Sur ce treillage est cloué un fort réseau de toile métallique galvanisée dont les mailles ont 2 centimètres de largeur. Cette toile métallique disparaît complètement sous une couche de gravier et constitue la frayère artificielle qui mesure 10 mètres de long sur 5 de large et qui offre toute l'apparence du lit naturel d'un ruisseau. Elle est recouverte de 30 à 35 centimètres d'eau et l'on y maintient un courant très vif. Dans l'espace resté libre entre le plancher et le grillage chargé de gravier, un tablier sans fin, en grosse toile de chanvre ou de coton, est porté par deux rouleaux sur lesquels on le fait courir en actionnant deux manivelles.

Quand un couple reproducteur s'est engagé dans la rigole, l'aspect trompeur du fond l'incite bientôt à y déposer son frai. Comme d'habitude, la femelle s'occupe de préparer un nid en creusant une fossette dans le gravier qu'elle écarte avec sa queue, mais cette opération préliminaire a pour résultat de mettre la toile métallique à découvert à l'endroit même où la ponte va s'effectuer. Aussi quand peu après, les œufs étant pondus et fécondés, le mâle et la femelle cherchent, comme ils le font toujours, à les recouvrir de gravier pour les mettre en sûreté, ils ne réussissent qu'à les faire passer tous à travers les mailles de la toile métallique et à les faire tomber dans le compartiment extérieur où ils sont reçus par le tablier en toile. Sa ponte terminée, le couple reproducteur s'éloigne, mais si les eaux sont poissonneuses il est bientôt remplacé par d'autres (les dimensions du bassin permettant à plusieurs de déposer leurs œufs à la fois), qui procèdent de la même manière et dont le frai va rejoindre celui qui se trouve déjà sur la pièce de toile et ainsi de suite.

Pour recueillir les œufs, on met en mouvement au moyen des manivelles le tablier de toile qui, tournant sur ses rouleaux, porte le frai à l'une des extrémités du bassin et les verse dans une augette que l'on peut facilement retirer.

Quand le moment du frai est passé, on enlève la toile sans fin pour ne la remettre en place qu'à l'automne suivant, mais on ne dérange en rien le reste de l'appareil, qui une fois installé peut durer fort longtemps sans exiger de réparations.

Les avantages de cet appareil sont : 1° de dispenser de l'opération de la fécondation artificielle, opération délicate pour des mains inhabiles, pour le pisciculteur novice qui ne réussit parfois qu'à blesser plus ou moins grièvement les sujets dont il cherche à recueillir le frai; 2° de mettre en sûreté les produits de la ponte qui souvent, dans les conditions ordinaires, deviennent promptement la proie des autres couples reproducteurs quand ceux-ci viennent à leur tour frayer au même endroit [1]. D'après M. Gauckler, on est, en Amérique, de plus en plus satisfait de cette méthode, qui tend à se substituer à la fécondation artificielle.

Parcage des reproducteurs. — Le parcage préalable des sujets reproducteurs donne aussi des résultats satisfaisants et est aussi employé aux États-Unis. On pêche les saumons en juin, juillet, et on les garde en captivité jusqu'à la fin d'octobre ou de novembre, époque habituelle du frai. Le saumon passant cette époque en rivière, il a paru convenable de les parquer en eau douce. Les récentes expériences faites au Canada ont prouvé que le parcage en eau de mer est tout aussi bon, sinon préférable. « Les poissons, nous dit M. Raveret-Wattel [2], qui rend compte de ses différents essais, resteraient plus vigoureux et donneraient de meilleurs œufs. Mais l'entretien de bassins sur des points où le mouvement de la marée se fait sentir présente toujours une certaine difficulté. »

En premier lieu, on mit les saumons capturés dans un grand bassin alimenté par de l'eau de source, le résultat fut désastreux; au bout de deux jours, tous les saumons furent couverts de végétations cryptoga-

---

1. Pour récolter le frai des Truites, on peut disposer un appareil semblable qui consistera en une rigole en bois de 3 à 4 mètres de long sur 1^m,20 de large, construite sur les mêmes principes que le bassin pour saumons, c'est-à-dire garnie d'une toile métallique et d'un tablier en toile courant sur deux rouleaux. Cet appareil portatif peut s'installer dans une rivière; on en barre l'ouverture supérieure pour empêcher les truites de remonter le courant et les forcer à pondre dans la rigole.

2. Raveret-Wattel, *Bulletin de la Société d'Acclimatation*, 1885, p. 274.

miques et pas un n'échappa ; l'eau de source ne paraît nullement convenir pour le parcage du saumon.

Voici le système adopté maintenant : on barre une partie de rivière par deux clayonnages, distants de 100 mètres l'un de l'autre, qui coupent le cours d'eau dans toute sa largeur. En admettant une profondeur moyenne de 1 mètre à 1^m,50, on peut y mettre environ un millier de Saumons captifs. Dans cet espace restreint on peut aisément prendre les Saumons au moment de la reproduction, du reste le courant de l'eau les excite à en remonter le cours quand arrive le moment de la ponte et beaucoup de saumons vont se faire prendre d'eux-mêmes dans des pièges habilement disposés sur le haut du parc, c'est-à-dire vers le clayonnage d'amont.

Pièges. — Ces pièges consistent généralement en petits ruisseaux artificiels, rigoles de ciment à fond de gravier où un courant engageant invite les reproducteurs à s'engouffrer. Nous en avons indiqué (page 132) un très ingénieux qui peut aussi convenir aux Saumons. L'avantage des rigoles en ciment ou en briques est la facilité avec laquelle on peut s'emparer des poissons qui y sont réunis au moyen d'une longue poche en toile fermée à son extrémité par une ficelle qui coulisse et montée sur un cadre qui s'emboîte exactement dans la rigole ; on fait glisser le sac sur une des extrémités de la rigole que l'on a barrée et tous les poissons se trouvent pris. Le poisson ne voyant pas au travers du tissu s'effarouche moins que dans un filet, il tend au contraire à se réunir comme en refuge à l'extrémité du sac, on n'a qu'à en délier les cordons et les captifs seront versés dans un baquet sans aucune blessure ni écorchure. Mais rappelons encore que les écorchures, quelque petites qu'elles soient, une simple écaille enlevée, sont souvent plus funestes pour les Salmonides qu'une blessure profonde mais nette. C'est là le grand inconvénient des filets qui occasionnent souvent ces accidents.

Les pièges peuvent non seulement être usités dans les parcs à saumons, mais aussi dans tous les cours d'eau habités par ces poissons.

M. Raveret-Wattel nous donne la description d'un piège qui figurait à l'exposition de Berlin sous le nom d'écluse-piège. C'est une caisse rectangulaire, qui occupe toute la largeur de la rigole et qui est ainsi traversée par le courant. En A (fig. 8), une grille laisse entrer l'eau, mais arrête le poisson qui, cherchant à remonter le courant, s'introduit dans la caisse en passant par-dessus la grille inclinée B, complètement noyée sous l'eau! Une fois dans la caisse, le poisson, qui ne peut pas aller plus loin, cherche peu à retourner en arrière, comme il lui serait facile en refranchissant la grille B, et il reste presque toujours pris dans cette sorte de souricière, où la frayeur le fait se tenir dans le fond. Il est bon de lui ménager un abri C contre le courant, qui lui sert en même temps de cachette. L'intérieur de la caisse est d'ailleurs tenu dans l'obscurité au moyen d'un couvercle mobile E, qu'on enlève au moment de s'emparer des poissons, auxquels on coupe préalablement la retraite en abaissant le niveau de l'eau au-dessous du sommet de la grille B.

Pour que le piège remplisse son objet, il est indispensable que les poissons reproducteurs ne rencontrent pas auparavant sur leur passage quelque endroit favorable pour la ponte; car ils ne manqueraient pas de s'y arrêter. Il faut donc que la rigole où l'on installe la caisse ne présente pas un fond de sable ou de gravier qui puisse engager les truites à y frayer. Un des avantages de ce piège, c'est qu'on y prend en

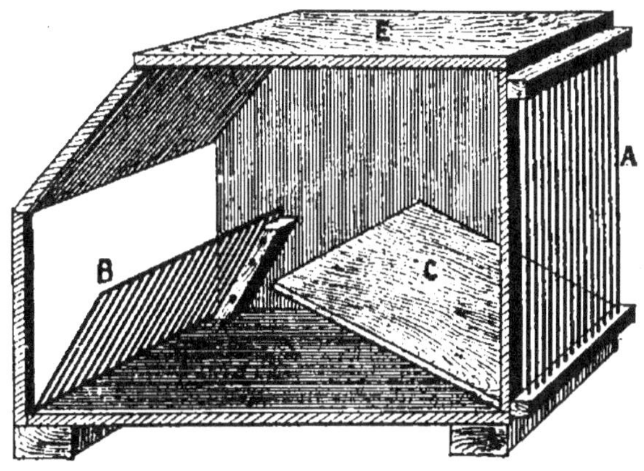

Fig. 59. — Écluse-piège.

général plus de femelles que de mâles (dans la proportion 67 : 56 environ), point très important pour l'éleveur, qui a souvent quelque difficulté à se procurer des œufs en nombre suffisant, attendu que, dans les rivières, on prend au contraire toujours beaucoup plus de mâles (souvent six ou huit fois plus) que de femelles.

Fécondation des œufs. — La fécondation des œufs se fait généralement par la méthode russe que nous avons décrite page 36.

Toutefois, avec des poissons de cette taille, l'opération n'est pas très aisée, car ils se débattent violemment; on assujettit alors chaque reproducteur soit dans un morceau de bois, creusé de telle façon que le ventre seul reste libre, soit, quand il est de grande taille, entre deux planchettes reliées par des courroies. Les dimensions de ces appareils varient naturellement avec celles des poissons.

Incubation des œufs. — On peut utiliser pour l'incubation des œufs de saumons tous les appareils que nous avons décrits pour les truites. Pour ces œufs, plus encore peut-être que pour les autres Salmonides, une eau très aérée est absolument nécessaire pour l'incubation; il importe donc de ne pas accumuler ces œufs en trop grand nombre dans les appareils d'éclosion où ils manqueraient promptement d'oxygène, à moins d'être placés dans un fort courant à la température de 7 à 8 degrés centigrades, un litre d'eau par minute suffit par deux ou trois mille œufs, mais c'est un minimum.

Alevinage. — L'alevin de saumon se tient tranquille au fond du bac, il diffère en cela de l'alevin de truite. La forme différente de la vésicule ombilicale permet de reconnaître l'espèce des alevins qui viennent de naître. Chez le saumon, la vésicule est nettement en forme de poire, tandis qu'elle est arrondie, plus ou moins ballonnée chez la truite. Plus tard, il existe un autre caractère également facile à saisir, c'est la couleur de la nageoire molle du dos (adipeuse). Chez les saumons migrateurs, cette nageoire est incolore ou légèrement noirâtre, tandis que chez la truite, espèce sédentaire, le bord en est plus ou moins rouge.

L'alimentation des jeunes saumonneaux est particulièrement difficile, car plus encore que les autres Salmonides ils ne prennent la nourriture qu'on leur jette que tant que celle-ci est en suspension dans l'eau, dès qu'elle est arrivée au fond ils n'y touchent pas.

Pour préserver les alevins déjà débarrassés de la vésicule ombilicale des attaques du *Saprolegnia ferax*, il est bon de mettre de temps en temps dans le bac renfermant les jeunes poissons un peu de sel ; sous l'influence de cette légère salure de l'eau, même toute momentanée, les alevins se montrent plus vigoureux, mangent davantage et prospèrent mieux.

Mise en liberté. — Les avis des pisciculteurs sont toujours partagés sur la question de savoir s'il convient de mettre les alevins de saumon en rivière aussitôt après la complète résorption de la vésicule ombilicale ou, au contraire, de les tenir captifs pendant un temps plus ou moins long. Il est intéressant de connaître à ce sujet l'opinion des pisciculteurs anglais, où la culture du saumon est poussée à un degré auquel nous sommes loin d'approcher.

« Dans la Grande-Bretagne, nous dit M. Raveret-Wattel [1], la plupart des pisciculteurs estiment qu'il est préférable de ne pas conserver ainsi les alevins de saumon, parce que : 1° il devient nécessaire de les nourrir artificiellement, ce qui est presque toujours difficile et coûteux ; 2° la mortalité est souvent grande parmi eux, quelques soins qu'on leur donne ; 3° ils

1. *Bulletin de la Société d'Acclimatation*, 1885, p. 284.

profitent beaucoup moins bien qu'en liberté ; 4° enfin, quand on se décide à les mettre en rivière, l'habitude qu'ils avaient d'être nourris artificiellement leur a enlevé une partie de leur instinct : maladroits à pourvoir eux-mêmes à leurs besoins, ils connaissent aussi moins le danger, savent mal se soustraire aux poursuites des ennemis de toutes sortes qui les assaillissent et deviennent victimes d'une foule de causes de destruction. L'expérience en a été faite maintes fois. Si d'une certaine quantité d'alevins du même âge commençant à manger, les uns sont conservés dans des appareils d'éclosion et nourris artificiellement avec toutes les précautions imaginables, les autres mis en rivière dans des conditions convenables, moins d'une semaine après on peut déjà constater une différence de développement considérable entre ces jeunes poissons ; ceux qui ont été abandonnés à eux-mêmes en pleine eau dépassent quelquefois de moitié, comme grosseur, les sujets captifs qu'on a cependant cherché à nourrir abondamment. »

Multiplication artificielle des truites de mer. — Tout ce que nous venons de dire peut s'appliquer à la truite de mer, dont la multiplication artificielle ne diffère en rien de celle du saumon.

II. — Alose.

Fécondation des œufs de l'alose. — Les œufs de l'alose se fécondent de la manière que nous venons d'indiquer sous le nom de procédé russe.

Les œufs, après avoir été arrosés de laitance, sont agités dans un peu d'eau, puis laissés tranquilles pendant quelques minutes, pour que s'effectue l'imprégnation pendant laquelle ils augmentent de volume (de 0,0022 leur diamètre atteint rapidement 0,0033) et détermine un léger abaissement de la température qui les baigne (Ravaret-Wattel). Si nous signalons dans un paragraphe à part la fécondation des œufs d'alose, ce n'est pas parce que l'opération en elle-même présente de différence avec celles que nous venons d'indiquer, mais c'est surtout pour rappeler aux pisciculteurs que cette opération se fait aussi très aisément ; il faut néanmoins une certaine habitude et adresse pour manier ces poissons, qui luttent dans les mains de l'opérateur avec beaucoup plus de vigueur que les autres poissons.

En outre, leurs écailles se détachent avec une extrême facilité, et il faut éviter de les laisser tomber dans le vase, car les œufs s'y attacheraient, il faut savoir tout en opérant les jeter de côté par un adroit tour de main. Les aloses ne résistent pas au séjour hors de l'eau que nécessite cette opération, si on les y rejetait elles périraient infailliblement, on les envoie donc au marché après la récolte des œufs.

Incubation des œufs d'alose. — En Amérique, on s'occupe beaucoup de la multiplication artificielle de l'alose, mais toutes les tentatives d'incubation faites dans des appareils destinés à l'incubation des œufs de Salmonides ont piteusement échoué, car les œufs de ce poisson doivent être constamment en mouvement, l'immobilité leur étant funeste.

M. Seth-Green a essayé d'employer les boîtes de Jacobi, mais la force du courant accumulait tous les œufs sur une des extrémités de la boîte. Ce pisciculteur eut l'idée heureuse de remplacer les ouvertures latérales de la boîte Jacobi par un fond complètement ouvert et de fixer obliquement cette boîte sur les deux flotteurs de manière à ce qu'elle ait une position inclinée; une circulation intérieure suffisante fut obtenue de cette manière; moins le courant est rapide, plus l'inclinaison de la boîte doit être prononcée.

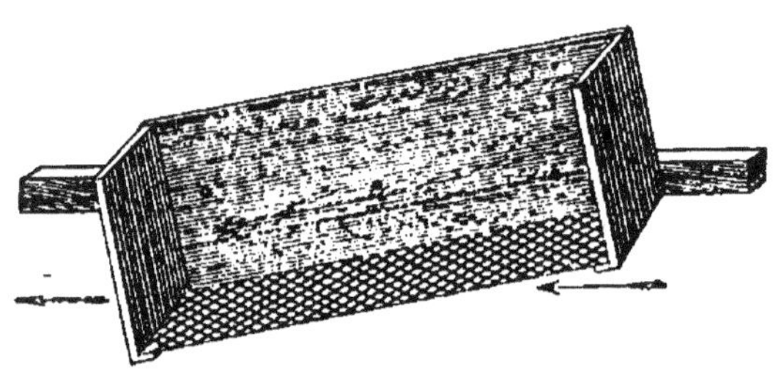

Fig. 60. — Boîte de Jacobi modifiée par Seth-Green pour l'incubation des œufs d'alose.

Avec l'appareil de MM. Mather et Bellon on peut faire éclore l'alose dans le laboratoire. Cet appareil se compose d'un entonnoir en métal de 30 centimètres de haut sur 35 centimètres de diamètre, auquel est soudée une bordure en toile métallique de 3 centimètres de hauteur. A l'extérieur un large rebord forme une rigole circulaire qui porte un ajustage latéral pour la sortie de l'eau. Vers le fond de l'entonnoir, à l'endroit où le diamètre n'est plus que de 5 centimètres, se trouve une cloison horizontale en fine toile et qui sert à tamiser le courant d'eau qu'amène dans l'appareil un tube en caoutchouc fixé au bas de l'entonnoir. Ce courant entraîne les œufs de bas en haut et dans une direction excentrique, vers la bordure de toile métallique, à travers laquelle l'eau s'échappe en nappe circulaire. Mais comme, en s'élargissant, le courant perd sa force, il n'est plus suffisant, lorsqu'il arrive près du bord (si l'on a réglé convenablement le débit), pour continuer à soutenir les œufs. Ceux-ci retombent sur la paroi oblique de l'entonnoir; ils roulent vers le fond, et sont repris de nouveau par le courant pour retomber encore ainsi de suite. Ils ont ainsi l'agitation constante qui leur est nécessaire.

La durée de l'incubation est très courte : 60 à 70 heures, l'eau doit être maintenue à 22 degrés environ.

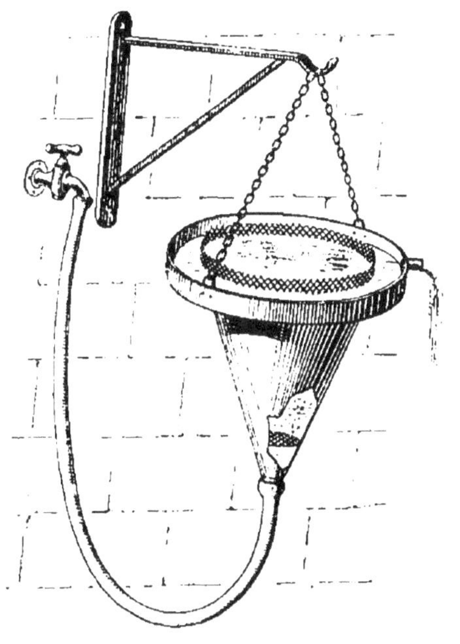

Fig. 61. — Appareil suspendu. Système Mather et Bell.

Mise en liberté des jeunes alevins. — On n'a pas encore découvert une nourriture convenable pour les alevins d'aloses, aussi les met-on en liberté soit immédiatement après leur éclosion, soit dès la résorption qui a lieu deux ou trois jours après.

CHAPITRE XII

EXPLOITATION DES COURS D'EAU

I. Dépeuplement. — II. Repeuplement. — III. Culture de la Mulette perlière.

I. — Dépeuplement.

Le repeuplement des rivières et ruisseaux offre plusieurs questions complexes. La propriété assez bizarre du droit de pêche qui, à l'embouchure des fleuves, appartient aux marins inscrits, sur le parcours flottable et navigable à l'État qui en loue l'exploitation, enfin depuis ce point jusqu'à leur source aux propriétaires riverains, n'aide pas au repeuplement des rivières. Il faudrait se coaliser, se syndiquer, pour faire une œuvre qui profiterait à tous, mais qu'aucun particulier n'a intérêt à faire à lui seul.

Si les riverains de nos ruisseaux de montagnes voulaient s'entendre entre eux, ils ramèneraient rapidement dans leurs ruisseaux, maintenant dévastés, ce poisson si recherché qu'ils contenaient autrefois en abondance; mais on ne peut arriver à ce résultat, nous le répétons, que par l'association.

Avant d'étudier les modes de repeuplement, nous

rechercherons et étudierons les causes du dépeuplement actuel, et les remèdes qu'on peut y apporter.

Nous ne ferons pas une longue dissertation sur ce sujet, plusieurs travaux remarquables ont paru à ce sujet, nous y renvoyons nos lecteurs en nous bornant de passer rapidement les principales causes, en indiquant les remèdes à y apporter.

Ces causes sont multiples :

1° *Le braconnage et la législation insuffisante;*

2° *Établissement d'usines* nuisibles aux poissons, A, par les barrages qu'elles établissent dans le lit des rivières, B, par les différences de niveau d'eau causées soit par suite de réparations, soit par suite de la retenue des eaux dans un bief, C, par l'empoisonnement de l'eau par le déversement dans les eaux de substances nuisibles au poisson;

3° *Les irrigations;*

4° *Les exigences de la navigation;*

5' *Un empoissonnement mal compris.*

I. **Braconnage et législation insuffisante.** — Il est inutile d'insister sur le braconnage, tout le monde sait que pour peu que les rivières soient poissonneuses, il est pratiqué jour et nuit, non seulement avec des engins divers, lignes de fond, filets, etc., mais aussi par des procédés « dignes des temps les plus barbares ».

On empoisonne le poisson par tous les moyens imaginables : la chaux, le chlorure de chaux, la coque du Levant; on n'hésite pas à le tuer par la dynamite; et l'on atteint ainsi non seulement les poissons adultes utilisables, mais on détruit du même coup tous les alevins espoir du repeuplement. La chaux est peut-être la plus dangereuse, les autres substances sont moins aisées à se procurer, il faut aller jusqu'à la ville voisine, tandis que l'on trouve partout quelques kilos de chaux ; le gars de la campagne, pour occuper les loisirs de son dimanche, répand la substance meurtrière dans un coin de la rivière et le blanc linceuil entraîné par le courant continue son œuvre de destruction, enveloppant petits et gros, poissons adultes et jeunes alevins.

Nous avons mis à tort en tête de ce paragraphe législation insuffisante, l'arsenal de nos lois est suffisant, mais il ne faudrait pas qu'elles restent lettres mortes contenues dans les feuillets du code.

Des peines sévères sont édictées contre ceux qui emploient ces procédés, mais les agents de l'autorité ferment les yeux ; si par hasard un procès-verbal est fait et maintenu — car pour son retrait s'agitent bien souvent de nombreuses influences électorales — qu'arrive-t-il? Si le délinquant est insolvable, il ne paiera jamais l'amende, les quelques jours de prison qu'on lui fera faire — si toutefois on les lui fait subir — ne sera pas un châtiment bien terrible pour un braconnier endurci ; s'il a, au contraire, quelques biens au soleil, la crainte de la prison le fera transiger de suite, et il en sera quitte pour le versement immédiat d'une légère somme d'argent.

Les procès-verbaux de pêche sont rares, disions-nous : dans le Tarn-et-Garonne, nous rapporte M. Gobin, on a fait par hasard un procès-verbal et c'était contre un juge de paix.

Les fermiers des eaux appartenant à l'État pêchent sans aucune contrainte dans leurs réserves, les mailles de leurs filets n'ont point les dimensions réglementaires, l'administration ferme les yeux dans le peu de surveillance qu'elle exerce.

Dans les cours d'eau non navigables ni flottables, où la pêche appartient aux propriétaires riverains, la surveillance est absolument nulle, on ne connaît aucun temps d'interdiction.

Une grande surveillance, un plus grand zèle des agents, zèle dûment récompensé par des primes, une application rigoureuse des lois sont les seuls remèdes.

Nous ajouterons que les chasseurs se sont déjà en maints endroits constitués en sociétés contre le braconnage, nous serions heureux de voir les pêcheurs suivre cet exemple. A Hesdin (Pas-de-Calais), une association de ce genre a donné d'excellents résultats et nous renvoyons nos lecteurs pour le modèle des statuts au livre de M. J. Carpentier, *La pêche raisonnée*, qui les donne tout au long.

II. ***Établissement d'usines.*** — L'établissement, sur les eaux de nos rivières, d'usines que l'industrie réclame sans cesse en nombre toujours croissant, sont aussi une cause du dépeuplement de nos rivières.

A. ***Barrages et échelle à saumons.*** — Dans la généralité des établissements, l'eau destinée à fournir la force motrice est fournie par un barrage qui forme retenue et oblige les eaux à passer dans le canal qui les conduit à l'usine. Ces barrages peuvent aussi être établis dans l'intérêt de l'agriculture ou de la navigation.

Ils offrent une barrière infranchissable aux poissons migrateurs, saumons, truites de mer, aloses qui remontent nos rivières d'eau douce pour venir frayer.

Les poissons sédentaires ne trouvent pas toujours dans leurs cantonnements des conditions favorables pour frayer, à l'époque du frai, ils changent de station pour gagner des endroits plus propices.

Pour concilier les intérêts de l'industrie et de la navigation avec ceux de la reproduction du poisson, on doit placer sur ces travaux un appareil connu sous le nom d'échelle à saumons, qui permette au poisson de franchir ces barrages aussi bien du reste que les obstacles naturels qui s'opposeraient à leur passage.

Depuis la première invention des échelles à saumons, en 1826, par le propriétaire des grandes usines de Deanston (Écosse), M. James Smith, une quantité de systèmes différents ont été proposés pour la fabrication des appareils. Tous peuvent se répartir en deux classes, qui sont :

1° Échelles simples, ou passes en plan incliné;

2° Échelles à gradins.

Dans les échelles simples il faut régler l'inclinaison du plan, afin que la vitesse du courant ne puisse pas dépasser une certaine limite, pour que le poisson puisse remonter aisément.

Dans les échelles à gradins, l'appareil se compose de plusieurs bassins qui doivent être disposés de façon à ce qu'ils ressemblent à des marches d'escalier, l'eau doit tomber en cascade, d'un bassin dans un autre, soit en se déversant en nappe par-dessus les cloisons qui forment les bassins, ou en passant par des issues pratiquées dans lesdites cloisons.

Quel que soit le dispositif adopté, la largeur du passage est subordonnée à l'abondance du courant. Elle peut varier de 70 centimètres (avec une profondeur d'eau de 50 à 60 centimètres) à 2^m,50 et plus. Avec une pareille largeur, la profondeur peut aller jusqu'à 75 centimètres et même plus. Quant aux bassins, qui peuvent avoir de 1^m,50 à 3 mètres de superficie, la différence de niveau entre chacun d'eux ne doit pas dépasser 25 ou 30 centimètres.

Du reste, la question capitale dans la construction d'une échelle, c'est le choix de l'emplacement, et non la condition de forme ou de dimensions. Presque toutes les échelles qui fonctionnent mal le doivent assurément bien moins à des proportions mal combinées, qu'à de mauvaises dispositions locales. L'emplacement du pied doit surtout être étudié avec le plus grand soin. Il est de toute importance que le poisson puisse facilement trouver le passage qui lui est ménagé. Aussi l'entrée de l'échelle doit-elle être placée aussi près que possible du barrage, à l'endroit où la nappe d'eau est tout à la fois la plus abondante et la plus vive. C'est toujours là, en effet, que se porte le poisson; c'est là qu'il cherche à franchir la chute, ou qu'il attend le moment opportun. Guidé par son instinct, il sent que là s'opère l'évacuation du bief supérieur en cas de crue, et il se tient à proximité jusqu'à ce qu'une quantité d'eau suffisante lui permette d'effectuer son ascension.

Nous n'entreprendrons pas de décrire les nombreux systèmes d'échelles à saumons, le lecteur en trouvera une description complète et détaillée dans les divers articles que M. Raveret-Wattel a fait paraître dans le Bulletin de la Société d'acclimatation. Nous nous bornerons à donner aux lecteurs une idée des principaux modèles à employer.

En France, on emploie généralement des échelles à auges connues aussi sous le nom d'escaliers; ce sont

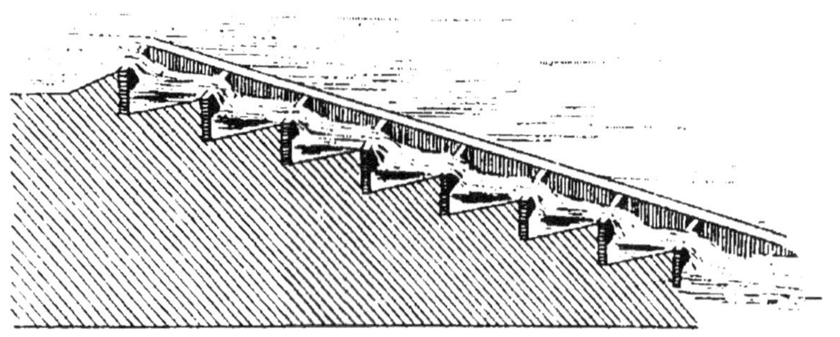

Fig. 62. — Échelle à auges.

une série de réservoirs carrés posés les uns au-dessus des autres comme autant de grandes caisses. Ces bassins, dont le dernier se trouve de plain-pied avec le haut de la chute, pendant que le premier est au niveau de la partie inférieure du fleuve, sont construits et superposés de telle sorte que l'eau se précipitant dans le réservoir le plus élevé rencontre à angle droit la paroi qui lui fait face, et est forcée de s'écouler par une ouverture latérale; elle tombe ainsi dans le second bassin, puis dans le troisième et successivement dans tous les autres par des échancrures qui alternent et produisent dans leur ensemble une série

de cascades serpentantes. Ce système est fort défec-
tueux et malheureusement il est le plus généralement
adopté en France, où l'on a cru que l'on ne pouvait
adopter les échelles simples ou à plan incliné si
appréciées en Angleterre et en Amérique à cause du
régime peu régulier de nos cours d'eau.

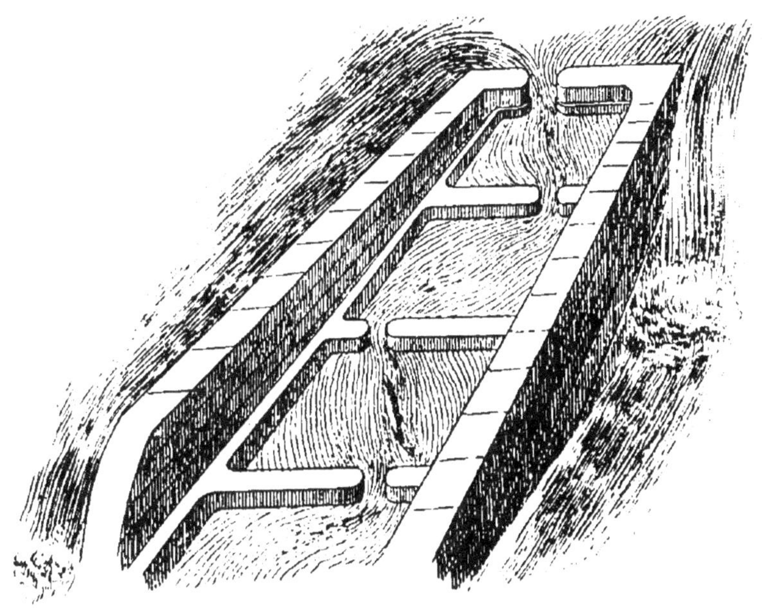

Fig. 63. — Échelle à auges modifiée Smith.

« En observant, nous dit M. Coumes, ingénieur en
chef des ponts et chaussées, les allures des saumons
qui cherchent à franchir les chutes, on voit que la
forme des échelles qui leur convient le mieux n'est
point une succession de cascades, mais plutôt une
dérivation fortement inclinée, sur laquelle l'excès de
vitesse que prendrait la nappe liquide se trouve
modérée par l'interposition de cloisons. Car, lorsque
le poisson s'introduit dans un passage de cette sorte,

où il ne se sent point en sûreté, il veut le franchir non pas en jouant et par des bonds successifs, mais avec la plus grande rapidité. Aussi traverse-t-il le défilé comme une flèche. »

Cette échelle à auges si défectueuse peut être rendue plus pratique par une bien simple modifica-

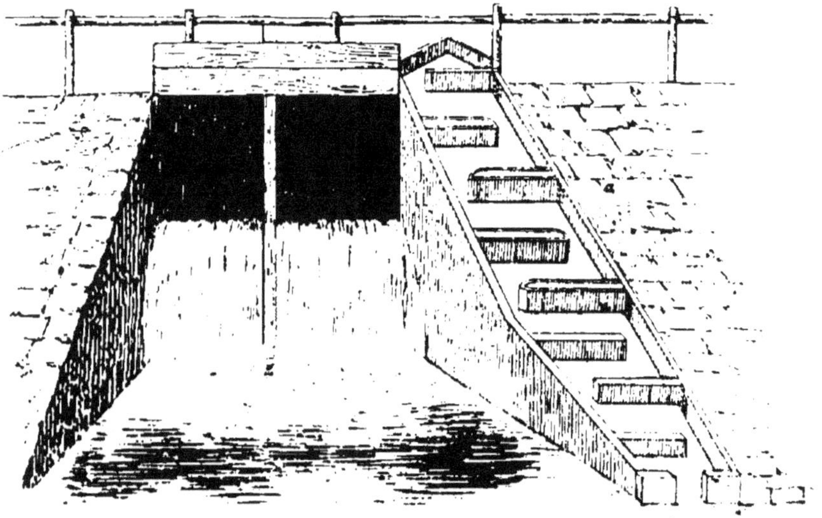

Fig. 64. — Échelle à plan incliné.

tion. En pratiquant une ouverture dans chacune des cloisons qui séparent les auges, on la transforme complètement et l'on obtient l'échelle Smith, qui a toujours donné de bons résultats.

Les échelles à plans inclinés sont constituées par une espèce de couloir en pente coupé de distance en distance par des cloisons transversales qui présentent des ouvertures contrariées, c'est-à-dire opposées les unes aux autres.

Ces échelles peuvent être à compartiments rectangulaires, à cloisons transversales, à cloisons obliques, elles peuvent être en alignement droit, repliées ou même en spirales.

Un modèle très apprécié dans les États-Unis est l'échelle Mac Donald, qui offre des avantages particuliers tout en étant d'un établissement très simple et économique.

B. *Différences de niveau occasionnées par les usines.* — Une seconde cause de dépeuplement provient des différences de niveau de l'eau produites par les usines. Bien souvent, pour obtenir une plus grande force motrice, le manufacturier retient les eaux dans un bief ou, pour s'exprimer plus exactement, les écluse pour les conduire ensuite en plus grande quantité sur les roues hydrauliques ou turbines. Cette pratique fait monter le niveau de l'eau sur une grande partie de la rivière de un ou plusieurs mètres, pour ensuite l'abaisser dès que les moteurs sont en marche. Les œufs pondus sur les herbes aquatiques, ou sur les frayères qui plaisaient aux poissons, pendant la pleine eau, sont subitement mis à sec, desséchés et finalement absolument perdus. Nous ajouterons aussi que l'usinier ne tient pas à avoir ses canaux remplis d'herbes et que pour s'en débarrasser il se livre à un faucardage, d'autant plus néfaste, qu'il s'opère au printemps au moment du frai de beaucoup de poissons. « Combien d'œufs, s'écrie M. Leroy, coagulés à ces herbes et à ces roseaux coupés sont perdus. » Si les usiniers se contentaient de couper et laissaient les herbes aller au courant de l'eau, le mal serait moindre, parce qu'on aurait la chance de voir ces œufs entraînés éclore plus bas. Mais toujours ces herbes sont retirées, mises en tas et converties en riche fumier. Ne pourrait-on astreindre les usiniers à un certain règlement concernant le faucardage des rivières?

C. *Empoisonnement de l'eau.* — Ce ne sont pas les seules causes de destruction produites par les usines, il faut ajouter l'empoisonnement ou l'altération des eaux par les résidus soit solides, soit liquides, résidus empestés provenant des féculeries, des distilleries, rouissage de chanvre.

La liste des usines qui produisent ces effets néfastes est longue, nous citerons plus spécialement les fabriques de produits chimiques, les sucreries, les féculeries, les teintureries, toutes les industries qui emploient en quantité appréciable les acides, le chlore, le tannin (papeteries, blanchisseries, cartonneries, tanneries).

La sciure de bois elle-même déversée en trop grande quantité est nuisible aux poissons, elle pénètre dans leurs branchies et les étouffe.

On ne saurait demander trop de sévérité contre les directeurs de ces usines, qui, en déversant dans les rivières leurs eaux résiduaires, occasionnent, dans un parcours de plusieurs kilomètres, la mort de tous les poissons. Dans les départements de l'Aisne ou du Nord, où il existe beaucoup de ces usines, on peut dire qu'il n'y a plus un poisson.

Ces industriels sont absolument inexcusables, la science toute-puissante leur indique le moyen d'enlever à leurs résidus toute nocivité, avant leur déversement dans les rivières. En tout cas ils peuvent toujours faire passer ces eaux dans des fossés, d'où elles ne se rendent à la rivière qu'après avoir traversé une couche de terre, qui servira de filtre et les rendra inoffensives.

Nous ne demandons pas à entraver le fonctionnement de l'industrie, mais il ne faut cependant pas que, par leur négligence, leurs propriétaires puissent impunément détruire une partie de la fortune publique. M. de Lamarche est, avec raison, d'avis que l'industriel coupable devrait être rendu entièrement responsable du dommage causé par lui, et si au lieu des ridicules amendes, qui sont la plupart du temps appliquées dans ce cas, les coupables étaient condamnés à repeupler le cours d'eau dont ils compromettent la richesse, ils deviendraient certainement plus circonspects pour l'avenir.

Mais l'exemple devrait partir de haut, et nous ne pouvons regarder comme un bon exemple celui que nous donnent les administrations des villes en empoisonnant les eaux par le déversement des égouts de toute la cité.

Les eaux infectées ainsi déposent sur le fond de la rivière une couche noirâtre, fermentescible, qui dégage des gaz acide carbonique et sulfureux tout en en levant l'oxygène. Les animaux aquatiques, en commençant par les mollusques, disparaissent les uns après les autres, suivant le degré de pollution des eaux.

Les eaux d'égouts contiennent en suspension une grande quantité de matières organiques. L'agriculture, qui est toujours à la recherche de puissants engrais, laisse perdre là une grande quantité d'azote.

On peut utiliser cet azote et procéder à l'épuration de ces eaux d'égouts, par une même opération, connue sous le nom de *sewage*, qui consiste à envoyer ces eaux d'égouts sur des terres cultivables. Celles-ci constituant un filtre parfait, les matières polluantes sont éliminées au bénéfice du sol et de la végétation. Nous n'insisterons pas sur ce procédé, nous bornant à exposer que les herbes produites par ces irrigations d'eau d'égouts n'ont jamais causé le moindre inconvénient, ni aux gens, ni aux bêtes qui les ont consommées.

Les irrigations au *sewage* ont été pratiquées à Gennevilliers et ont donné d'excellents résultats. Il y a dans les environs de toutes les grandes villes des terrains, d'assez grande superficie, où tous les égouts pourraient être utilisés, ce qui profiterait non seulement à l'agriculture, mais encore à la richesse de nos fleuves.

· **III. *Les irrigations*.** — Les irrigations sont aussi une des grandes causes du dépeuplement de nos côtes, elles produisent comme les barrages des usines des différences de niveau très préjudiciables à la multiplication des poissons. Les tout jeunes poissons affluent toujours dans les fossés des prés, au moment des irrigations; une proie facile, une eau plus chaude et plus sûre les y attire sans doute. Au moment des récoltes en juin ou en septembre, on ferme toutes les vannes et les ruisseaux sont rapidement mis à sec. Au mois de juin, ce sont les alevins de Salmonides qui y périssent, au mois de Septembre se sont ceux des cyprins.

« Il résulte d'une expérience faite à ce sujet, nous dit M. Gauckler, que sur un hectare de prairie irriguée, il est mort en une seule fois vingt mille petits poissons environ, dont beaucoup de truites. L'apport des eaux est, de cette façon, fertilisant pour les prairies, mais l'irrigation de ces dernières est la destruction de la population des rivières. Ajoutons que le poisson blanc, la carpe surtout, recherche, pour frayer, les eaux chaudes qui couvrent les gazons. En juin et juillet, il fraye dans les rigoles d'irrigation et, en septembre, sa progéniture est détruite, quand on met les rigoles à sec. »

Les inconvénients présentés par les irrigations au point de vue de la conservation du poisson, ont été relevés par la commission sénatoriale du repeuplement des eaux. On a signalé les mesures suivantes pour atténuer les conséquences désastreuses des mises à sec :

1° Rendre obligatoire un aménagement des vannes et canaux tel que la fermeture des vannes de tête ne puisse être étanche et qu'il reste toujours dans les canaux principaux une lame d'eau d'une épaisseur déterminée, et en communication constante avec la rivière ;

2° Prescrire que le fond des canaux soit toujours dressé en pente régulière, de façon à ce que le poisson se trouve forcé de suivre la nappe d'eau et ne soit pas tenté de rester dans les flaques et les petites dépressions où on le prend ;

3° Exiger qu'aucune manœuvre de vannes, de nature à produire un abaissement considérable du plan d'eau, ne puisse avoir lieu sans que l'administration en ait été informée au moins deux ou trois jours à l'avance; de manière à ce qu'on puisse envoyer sur place un agent chargé d'empêcher les faits de pêche et faire procéder à la mise en rivière de tout le poisson resté dans les canaux; imposer, en tout cas, qu'aucune manœuvre ayant pour résultat soit une mise à sec, soit simplement un abaissement notable du plan d'eau, ne puisse avoir lieu que lentement et par gradation, de façon à permettre au poisson de s'échapper.

IV. ***Exigences de la navigation.*** — La navigation moderne est funeste pour le poisson, le mouvement des vagues produites par la navigation à vapeur disperse le frai déposé sur les plantes qui garnissent les rives; les œufs sont décollés des herbes, projetés sur les berges et périssent en se desséchant (Gauckler).

Pour faciliter la navigation on procède fréquemment au curage des rivières et des canaux. Un curage complet, même en dehors du temps de frai, est fatal en détruisant les frayères, les plantes aquatiques sur lesquelles les poissons auraient pu déposer leurs œufs. Pour les mêmes raisons le dragage qui bouleverse les fonds contribue au dépeuplement des habitants des rivières. Malheureusement les pisciculteurs sont obligés de s'incliner devant les exigences supérieures ; et il n'y a aucun remède à apporter à ce mal.

V. ***Empoissonnement mal compris.*** — Les poissons les plus recherchés, ceux qui ont la vente la plus facile, appartiennent à des familles voraces et carnassières. Les personnes qui se sont occupées, les premières, de pisciculture ont voulu propager les espèces les meilleures sans se demander si elles trouveraient leur nourriture dans les rivières où elles étaient introduites, elles ont lâché des milliers et des milliers d'alevins de truites, d'ombres chevaliers, de saumons et d'autres espèces voraces. Que s'en est-il suivi? Beaucoup de ces alevins sont morts, mais ceux qui ont survécu ont mangé les poissons blancs qui existaient déjà dans ces eaux, puis lorsque cette nourriture a été épuisée, ils se sont entre-mangés eux-mêmes, les plus gros dévorant les plus petits; puis ils ont émigré vers des eaux plus poissonneuses.

Le résultat a été souvent non seulement mauvais, mais encore néfaste; au lieu de peupler on a dépeuplé. Il est très imprudent de lâcher dans des rivières peu poissonneuses des espèces voraces (Leroy).

Avant de lâcher des Salmonides dans un cours d'eau, il faut préparer leur table, en commençant par le peupler de poissons qui y trouveront facilement leur nourriture tels que carpes, chevesnes, gardons, tanches et vairons.

II. — Repeuplement.

Telles sont les causes du dépeuplement, quelques-unes peuvent être facilement supprimées, les exigences de la vie moderne obligeront toujours à subir les autres.

Dans ces conditions, le dépeuplement ne pourra que bien difficilement être enrayé, avec de l'insistance et de la persévérance on pourra arriver à améliorer la situation.

« Il n'y a, à mon avis, nous dit M. de Lamarche, qu'à prendre son parti de cette situation et à adopter le seul procédé qui puisse utilement remédier au mal.

« Lorsque la maison tombe, il ne suffit pas de se croiser les bras et de se lamenter; il faut la reconstruire.

« Nos cours d'eau s'écroulent, il faut les reconstituer. Pour les reconstituer il n'y a qu'un moyen. Faire éclore des poissons et les y déverser. Dans quelques années, si nous le voulons, nos rivières pourront être aussi poissonneuses qu'elles l'étaient il y a cinquante ans. La pisciculture est une industrie simple, facile et demandant peu d'avances. Avec des frais peu élevés, chaque société de pêche peut installer un laboratoire d'élevage que dirigerait facilement un de ses membres.

« Chaque année on déverserait 20 ou 30 000 jeunes poissons qui rapidement s'y reproduiraient et combleraient les vides qui se seraient produits. »

Nous sommes presque entièrement de l'avis de M. de Lamarche, on peut réussir à repeupler les cours d'eau en pratiquant l'empoissonnement sur une grande échelle, les pays où la pisciculture donne vraiment de bons résultats opèrent sur des proportions très considérables. Quelques soins que l'on prenne, beaucoup des alevins mis en rivière sont perdus, les plus petits, les moins vigoureux sont souvent mangés par les plus gros, on en fait à l'avance le sacrifice et quand on empoissonne copieusement il y a toujours un nombre suffisant qui reste.

Dans ces pays s'impose-t-on de lourds sacrifices pour ce repeuplement? nullement, mais on sait y produire l'alevin à bon marché, problème que nous n'avons pas cherché à résoudre.

Avec 1 000 ou 1 200 francs de budget le petit établissement d'Ettelbrück dans le Luxembourg produit chaque année environ 150 000 alevins ; la plus grande partie est réservée pour le repeuplement des eaux douces.

Les alevins sont versés aussi près que possible de la source des rivières et l'empoissonnement est fait largement, c'est-à-dire qu'au lieu d'éparpiller les alevins dans un grand nombre de cours d'eau à la fois, on en met la presque totalité dans une même rivière.

L'année suivante, une autre rivière est empoissonnée et ainsi de suite.

Les résultats de cette manière de procéder ont été excellents.

Il y a dix ans, le produit de la pêche était tombé presque à néant. Aujourd'hui l'arrondissement d'Ettelbrück livre, à lui seul, à la consommation 25 000 kilogrammes de truites en moyenne par an. Tel cantonnement de pêche de la Sure (rivière que l'on s'est particulièrement attaché à repeupler et qui se prêtait le mieux aux essais), qui se louait 20 ou 30 francs en 1873, valait dès 1883 200 à 300 francs (Raveret-Wattel).

Il faut aussi tirer un enseignement des débuts erronés qu'a eus la pisciculture dans nos rivières, il ne faut pas négliger de maintenir constamment un équilibre constant entre les deux classes de poissons dont l'une sert de nourriture à l'autre. C'est là le principal facteur de réussite. Protégez la blanchaille, éloignez d'elle les causes de destruction, favorisez sa multiplication et ensuite vous pourrez songer à repeupler nos cours d'eau en Salmones à la chair estimée.

Mais, plus que tous les autres, les poissons migrateurs méritent l'attention des pisciculteurs, car leur retour périodique peut constituer pour les riverains d'un fleuve une source presque inépuisable de richesses. Si l'espace restreint d'un cours d'eau et la quantité limitée de nourriture s'opposent en effet à la multiplication indéfinie du nombre de ses habitants, il n'en va pas de même pour la catégorie des poissons migrateurs; ils ne prélèvent leur part sur les aliments que leur offre la rivière qu'autant qu'ils sont de petite taille et que par suite ils consomment peu, puis, chétifs encore, ils vont chercher fortune dans les plaines de l'océan, y grandissent, s'y engraissent au milieu des inépuisables ressources qu'ils y trouvent et reviennent à la rivière, leur berceau, faire profiter des richesses de la mer ceux-là même qui en sont séparés par des centaines de lieues.

Les saumons et les aloses sont les poissons migrateurs sur lesquels doivent se porter les soins des pisciculteurs; nous avons indiqué les procédés de multiplication de ces poissons, nous n'y reviendrons pas. On s'occupe beaucoup du saumon, nous voudrions toutefois que, sans laisser de côté ce poisson de luxe, on n'oublie pas l'alose plus modeste

Les Américains, nous l'avons dit, ont tenté en grand le repeuplement en aloses de leurs différentes rivières en leur appliquant les procédés de la pisciculture artificielle, et nous ne pouvons passer sous silence un premier essai fait dans cette voie par M. Vincent, de Saint-Pierre-lès-Elbeuf, qui le premier a eu le mérite d'introduire en France cette culture et que nous a signalé le *Bulletin de Pisciculture pratique*.

Les efforts tendent à peupler la Seine d'aloses.

En théorie, il suffit de féconder les œufs du poisson, de les faire éclore, de lâcher tous les alevins dans le fleuve et d'attendre en se disant que, par la force des choses, *petit poisson deviendra grand*. Mais que de difficultés à vaincre dans la pratique! Voyons comment M. Vincent a su en triompher et quels moyens il a employés pour atteindre son but.

A force d'énergie, de persévérance, il a successivement intéressé à son œuvre le ministre de la Marine, le ministre de l'Agriculture, le conseil général de la Seine-Inférieure et la ville de Rouen. Son petit établissement de Saint-Pierre-lès-Elbeuf se compose d'un simple hangar en planches, de réservoirs qu'alimente une machine à vapeur installée à l'extérieur, de grands vases de verre en forme de coupes rangés sur des planches de chaque côté du laboratoire et d'un bassin en zinc.

L'installation est donc assez sommaire; pourtant, bien que l'établissement ne fonctionne que durant quelques semaines chaque année, vers le mois de mai, M. Vincent peut faire éclore là des millions d'œufs d'alose.

16.

La pêche de l'alose est interdite à l'époque de la ponte, mais un arrêté préfectoral l'a autorisée pour permettre l'alimentation de cet établissement. A la nuit les pêcheurs laissent aller à la dérive leurs filets tendus en travers du courant et retenus à leur extrémité par une bouée surmontée d'un falot, tandis que de leur barque ils dirigent l'autre extrémité cachés près de la rive opposée. Plus la nuit est sombre, plus la pêche est fructueuse. Puis, avant l'aurore, ils se hâtent de rapporter à l'établissement de pisciculture la provision d'œufs qu'ils ont pu féconder.

Ces fécondations se font du reste comme celles des œufs de saumon ou de truite, en tenant compte pourtant de la grande délicatesse des sujets sur lesquels on opère. Dès qu'on a levé le filet, les œufs qu'on fait jaillir par une légère pression, sont recueillis dans une bassine et promptement arrosés avec de la laitance mélangée d'eau.

Dès leur arrivée à l'établissement, ces œufs, à peine gros comme une tête d'épingle, sont déposés dans un des vases en forme de coupe : l'eau arrive sous une certaine pression par un tube de verre qui plonge jusqu'au fond du vase et s'écoule à la partie supérieure par un trop-plein en forme de bec. L'agitation produite par ce courant entretient les œufs en un mouvement perpétuel qui est utile pour le succès de l'éclosion.

Le second jour, on aperçoit les yeux de l'embryon et le troisième ou le quatrième jour, le petit alevin sort de sa coque, semblable à un filament de 5 à 6 millimètres à peine, mais déjà vif et remuant.

Durant l'incubation, une petite grille empêchait les œufs de s'échapper par le trop-plein, mais quand commencent les éclosions, la grille est retirée et les alevins entraînés par le courant sont conduits par une rigole dans le bassin où ils séjournent encore quelque temps avant d'être jetés dans le fleuve.

On ne peut s'empêcher d'admirer les grands résultats qu'obtient M. Vincent avec des ressources relativement minimes, et il nous semble hors de doute que son établissement sera le point de départ d'une culture destinée à prendre un jour une grande extension.

III. — Culture de la Mulette perlière.

Nous allons maintenant donner quelques détails sur un genre d'exploitation des cours d'eau que beaucoup de pisciculteurs ne soupçonnent même pas et qui néanmoins peut donner à la longue un bénéfice important. Nous voulons parler de la culture de la mulette perlière et de la récolte des perles qu'elle produit.

On rencontre dans plusieurs de nos ruisseaux ou fleuves à fond sablonneux des coquillages qui ressemblent aux moules de mer que tout le monde connaît. La *mulette* d'eau douce, mulette perlière (*Unio margaritifera*), est un coquillage formé de deux écailles (valves) comme les huîtres, égales, généralement ovales, bombées et rongées au sommet; l'animal est lui-même ovale et muni d'un pied épais. On distingue du reste la mulette perlière et la mulette des peintres; cette dernière fournit les coquilles que l'on garnit d'or ou d'argent préparé pour la peinture et l'enluminure, la première seule nous intéresse. Elle est particulièrement épaisse, le bord inférieur des coquilles (valves) est échancré et sinueux vers son milieu, la surface en est striée et couverte d'un épiderme brun noirâtre.

Ces mollusques étaient jadis très nombreux dans toutes les rivières de l'Europe, mais par suite de la pêche acharnée qu'on leur a faite, ils ont presque complètement disparu; il est intéressant de signaler les ruisseaux de France où vit et se reproduit encore la mulette perlière.

Citons en premier lieu la Seugne, petit affluent de la Charente, où elles sont connues sous le nom de palourbes; la Charente elle-même, les ruisseaux des Vosges, de l'Auvergne, des Pyrénées.

On les rencontre dans plusieurs ruisseaux d'Allemagne et surtout en Saxe.

Les mulettes étaient autrefois très nombreuses dans les Iles-Britanniques et en Écosse particulièrement. La Tay, rivière de cette dernière contrée, était renommée pour la beauté de ses perles.

Au moyen âge, les grands seigneurs se réservaient la pêche des mollusques, les ducs de Lorraine avaient leurs pêcheurs et leurs gardes-pêche en titre.

Mais c'est surtout de nos jours en Saxe que cette pêche a une certaine importance.

Ces perles sont généralement inférieures à celles que produisent les huîtres perlières; néanmoins on en trouve parfois d'un très bel orient. Quand elles sont d'un beau choix, elles atteignent un prix élevé et la joaillerie sait en tirer un excellent parti. « Plusieurs négociants de Dresde et de quelques autres villes de la Saxe, nous dit M. Raveret-Wattel dans son rapport sur l'Exposition de pisciculture de Berlin, avaient envoyé à l'Exposition des collections de perles magnifiques au milieu desquelles figuraient des parures montées remarquablement belles. Un collier exposé par M. Th. Jochwolb, bijoutier à Dresde, ne valait pas moins de 900 marks (11 250 francs), et l'on estimait environ à 4 millions de marks (5 millions de francs) la valeur totale des différentes collections de perles qui figuraient dans les vitrines de l'exposition saxonne. »

Ce furent les Vénitiens, qui au moyen âge organisèrent l'exploitation des mulettes et accaparèrent à peu près complètement le commerce des perles dans ces contrées. Ils étaient encore maîtres de ce commerce quand, en 1621, l'électeur Jean-Georges Ier, à la suggestion d'un drapier d'Olnitz, Moritz Schmirler, monopolisa à son profit l'exploitation des perles et créa la charge de premier pêcheur de perles en faveur de celui qui lui avait indiqué cette nouvelle source de revenus. Cette charge est toujours restée dans la famille, dont un membre encore aujourd'hui est à la tête de cette exploitation. « A leur création, les pêcheries royales de perles furent placées, quant à la haute surveillance des travaux, dans les attributions de l'administration supérieure des forêts à Auerbach, qui avait déjà dans ses attributions le service des eaux de la région. Cette organisation subsiste encore aujourd'hui. L'inspection des eaux, c'est-à-dire la recherche des perles, se fait au printemps. Dès que la température est assez douce pour permettre aux pêcheurs de se mettre à l'eau et d'y travailler pendant des heures entières, tous les bancs de moules sont successivement passés en revue et chaque moule est entr'ouverte à l'aide d'un fer spécial, qui permet d'en visiter rapidement l'intérieur sans blesser le mollusque. Celles qui renferment une ou plusieurs perles sont seules sacrifiées, c'est-à-dire complètement ouvertes. Les autres sont immédiatement remises à l'eau. Il en est de même de celles où l'on ne trouve que de petites perles jugées susceptibles de prendre ultérieurement plus de développement. Dans ce cas, on grave extérieurement sur la coquille l'année de la visite. Il arrive que l'on retrouve plus tard de très belles perles dans des moules ainsi marquées. Jamais on ne visite tous les ans un même banc; on laisse même parfois écouler une assez longue période, dix, douze et même quinze ans, avant de revenir aux mêmes endroits [1]. »

Le produit de cette pêche est versé au ministre des finances et la vente s'en fait continuellement.

Dans la Seugne, l'affluent de la Charente que nous avons signalé plus haut, voici comment on pêche les mulettes. Lorsqu'on se promène dans cette petite rivière, on voit, au travers de l'eau limpide, enfoncées dans la boue molle du fond, les mulettes ou palourbes ne présentant que leurs coquilles entr'ouvertes, guettant une proie. Si l'on se munit d'un bâton taillé en

1. Raveret-Wattel, *Bulletin de la Société d'Acclimatation*, 1883, p. 676.

biseau et qu'on l'enfonce entre les deux coquilles, la mulette se referme brusquement, serre le bâton assez énergiquement pour qu'on puisse ainsi la tirer de la boue et la pêcher.

On opère autrement dans la Charente. On y trouve aussi assez abondamment la palourbe. Jusqu'à une époque récente voici comment on procédait : à l'aide d'un petit bateau on traînait une drague au fond et on la retirait de temps en temps pour retirer les coquillages que l'on avait pu ramasser.

Aujourd'hui le scaphandre est d'un usage constant, on va ramasser les mulettes à l'aide d'un de ces instruments ; une équipe de sept hommes est employée à l'opération, de temps en temps on vient décharger les coquilles sur le rivage. Une grande marmite y est disposée au-dessus d'un foyer primitif; on y jette les palourbes et on les y fait bouillir longtemps, de façon que les chairs se détachent aisément de la coquille. On sort les palourbes lorsquelles sont bien cuites, on examine les coquilles une à une pour voir s'il n'y a pas de perles adhérentes, puis on écrase la chair des mollusques entre les doigts pour s'assurer qu'il n'y a point de perles dans la masse. Ce sont des enfants qui accomplissent ce travail sous la direction d'un ouvrier. Il faut dire du reste que la palourbe est un excellent animal comestible que l'on rencontre souvent à ce titre sur les marchés du sud-ouest de la France, si bien qu'il arrive parfois qu'un consommateur pêche inopinément une perle dans une assiette[1].

1. D'après *la Nature*, année 1872, p. 318.

Il y a donc tout intérêt à propager ce mollusque utile.

La mulette étant hermaphrodite (andragyne), c'est-à-dire que chaque individu possède les attributs des deux sexes, se féconde lui-même et est apte à produire du frai, il ne peut être question de fécondation artificielle. Dans le courant de l'été ce mollusque pond ses œufs au nombre de 4 à 500 000, mais ces œufs ne sont pas expulsés immédiatement du sein maternel, ils restent jusqu'à l'éclosion dans les plis du manteau de la mère ; les jeunes passent les premiers mois de leur existence sous cet abri protecteur et n'en sortent qu'après avoir acquis une certaine taille et une certaine force. Les jeunes, qui portent le nom de naissain, s'échappent alors et vont se fixer sur le sable ou les boues du fond du ruisseau. D'après M. G. Krantz, du *Journal de pêche* de Saint-Pétersbourg, le naissain se fixe sur le dos des autres poissons où il doit passer sa vie de larve.

Quoi qu'il en soit, ces jeunes mulettes ont des myriades d'ennemis, poissons qui les dévorent, insectes divers, etc., aussi est-ce par centaines qu'elles périssent.

Toutefois la fécondité de ces mollusques est si grande qu'il serait aisé d'en repeupler les cours d'eau qui leur conviennent.

La mulette aime tout particulièrement les fonds sablonneux, vaseux, où le naissain peut s'ancrer ; il faut aussi que ces ruisseaux aient une profondeur suffisante pour ne pas geler jusqu'au fond, l'eau devra être limpide et claire. Elle affectionne les

rivières qui conviennent aux Salmonides. Il suffirait
de déposer dans les eaux offrant ces conditions des
mulettes en quantité suffisante pour les voir rapidement s'accroître. Ce coquillage supporte aisément de
très longs voyages, pourvu qu'on l'emballe soigneusement dans des paniers garnis de plantes aquatiques, il est donc aisé de s'en procurer.

Cette culture ne demande aucun sacrifice, un peu
de patience peut-être, car les produits se feront
attendre pendant une dizaine d'années, mais au bout
de ce temps on pourra se procurer un joli revenu sans
aucune dépense autre que celle occasionnée par le
premier empoissonnement et quelques frais de surveillance.

La mulette perlière est comestible, avons-nous dit ;
l'animal consommé, on peut retirer encore un produit
des coquilles, la nacre. Voici ce qui d'après, M. Raveret-
Wattel, se pratique en Saxe : « En 1851, M. Moritz
Schmerler essaya la fabrication d'objets de fantaisie
en nacre de moule et cette tentative eut un plein
succès. La mode s'empara si bien de cette nouveauté
qu'une industrie importante s'est créée rapidement à
Adorf. Elle est exploitée non par les pêcheurs de
perles titulaires, mais par différents négociants, et elle
a pris une telle extension que les moules des rivières
saxonnes ne suffisent plus ; on en tire des pays voisins et notamment de certaines parties de la Bavière
et de la Bohême où quelques cours d'eau sont même
déjà presque complètement dépeuplés. »

Encore une raison de plus à engager le lecteur à
pratiquer cette culture.

Évidemment les perles sont rares et toutes les mulettes sont bien loin d'en produire chacune une.

Toute blessure faite à une huître perlière peut amener la formation d'une perle. Si cette blessure se produit sur le *manteau*, c'est-à-dire sur la membrane charnue qui garnit l'intérieur de la coquille, il se formera en ce point une excroissance qui n'est qu'une perle soudée à la coquille. Qu'un grain de sable pénètre dans les chairs, le mollusque, pour rendre inoffensif ce corps étranger qui le blesse, ne manque rarement de le couvrir de nacre, le transformant ainsi en perle. La connaissance de ce fait a donné l'idée de déterminer la production artificielle de la perle. Dans les colonies où l'on pêche l'huître perlière, voici comment l'on procède. La coquille est entr'ouverte et l'on y insinue un petit fragment quelconque que le mollusque ne puisse pas facilement expulser; puis on dépose le coquillage ainsi préparé au fond de la mer dans un endroit convenable. Après deux ou trois ans, on pêche ces coquilles qui renferment de très belles perles. Chez la mulette perlière, si la matière calcaire qu'emploie le mollusque pour recouvrir le grain de sable qui le gêne est celle qui forme la couche extérieure, jaune ou brunâtre, de sa coquille, la perle est terne et sans valeur aucune; mais si, au contraire, il se sert de la matière qui constitue la partie intérieure de la coquille, la perle présente les reflets nacrés qui lui donnent sa beauté et plus la matière est pure, plus la perle est blanche, plus elle a cet aspect chatoyant auquel elle doit son prix.

CULTURE DE L'ÉCREVISSE

CHAPITRE XIII

I. Description. — II. Espèces. — III. Reproduction. — IV. Élevage.

I. — Description.

L'Écrevisse (fig. 65) n'est pas poisson, quoi qu'ait voulu en dire un académicien heureusement repris par Cuvier[1]. Ce crustacé, habitant les eaux douces et dont les mœurs ont quelque rapport avec celles des poissons, a sa place tout indiquée dans ce manuel.

L'écrevisse est trop connue pour que nous ayons à la décrire ; nous indiquerons seulement la manière de reconnaître les sexes ; les mâles sont caractérisés par des tubercules peu saillants situés à la base des pattes postérieures. A première vue, la distinction des sexes serait assez difficile, s'il n'existait que ces petits tubercules ; mais le mâle, qui est relativement

---

[1]. L'Académie travaillant au Dictionnaire et étant arrivée au mot écrevisse, un de ses membres proposa la définition suivante : « Petit poisson rouge qui marche à reculons ». Cuvier répondit spirituellement à son collègue : « L'écrevisse n'est pas un poisson, elle n'est pas rouge, elle ne marche pas à reculons ».

beaucoup plus gros, possède en plus de l'écrevisse femelle deux paires d'appendices formés d'une substance cornée, pointus et flexibles, placés sous les deux premiers anneaux de l'abdomen, entre les pattes postérieures et les premiers filets qu'on voit sous la queue.

Tous les auteurs qui ont parlé de l'écrevisse n'ont désigné qu'une seule paire d'appendices chez le mâle, confondant ainsi la deuxième paire avec les premiers filets placés sous la queue.

L'écrevisse mâle a de plus toute la partie postérieure du corps presque cylindrique. La femelle a la queue et les anneaux de l'abdomen beaucoup plus

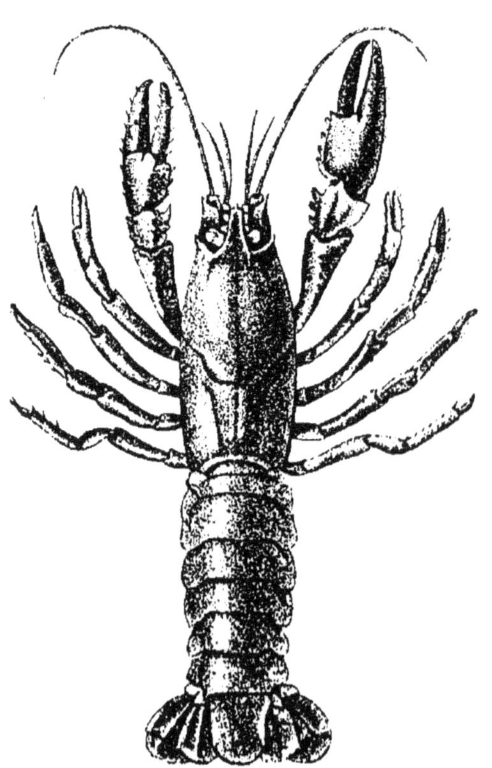

Fig. 65. — L'Écrevisse.

larges, et elle peut en écartant toutes ces parties recouvrir une grande surface, ce que ne pourrait le mâle.

Le tube digestif de l'écrevisse est très court, il donnerait à penser qu'elle est essentiellement carnivore, il n'en est rien cependant.

L'écrevisse est omnivore, très vorace, elle préfère

la chair fraîche sans toutefois dédaigner les végétaux. On peut la conserver assez longtemps en lui donnant des carottes de jardin, des feuilles d'orties, à l'état libre elle se contente de cresson, de berle, de chara. M. de Selve prétend même qu'elle peut au besoin se contenter de tourbe peu agglomérée, mais quoi qu'il en soit son régime de prédilection est le régime animal. Elle affectionne particulièrement les petits mollusques, les larves d'insectes, des proies animales vivantes ou mortes, fraîches ou putréfiées. Elle dévore les escargots en entier, coquille comprise, cette dernière servant à la confection de la carapace. L'écrevisse passe la journée entière cachée dans son trou, elle sort, entre le coucher et le lever du soleil, pour chercher sa nourriture, elle passe l'hiver dans un engourdissement presque complet.

Les écrevisses sont aptes à reproduire à trois ans environ.

II. — Espèces.

Il existe plusieurs espèces d'écrevisses :

1° L'*astacus torrentum*, qui habite les lacs subalpins, les ruisseaux d'Alsace, du sud de la Bavière;

2° L'*astacus angulosus* du sud de la Russie;

3° L'*astacus leptodactylus* de la Hongrie;

4° L'*écrevisse à pieds blancs* (*astacus palliceps* ou *fontinalis*), que l'on rencontre dans les eaux froides de plusieurs de nos départements;

5° L'*écrevissse à pieds rouges* (*astacus fluviatilis*), la plus estimée, qui est commune dans nos cours d'eau.

Si nous comparons les pattes des écrevisses à pieds blancs avec celles de l'astacus fluviatilis, nous voyons que les premières ont les pinces de devant bien moins renflées et qu'elles sont fendues dans une plus grande étendue; elles sont aussi plus effilées à la partie antérieure, le dessous est d'une couleur beaucoup plus pâle. Toutes les parties du corps sont plus allongées et la carapace entière, au lieu d'être d'une teinte brune ou noirâtre, est d'un vert pâle. A l'écrevisse à pieds rouges il faut les fleuves, les rivières, les petits ruisseaux à eau relativement chaude; à l'autre les fontaines à eau froide. Nous nous occuperons surtout de la première, bien supérieure par sa taille, son goût et ses qualités culinaires; mais il lui faut des cours d'eau particuliers où elle puise les éléments nécessaires à la constitution de sa carapace. Dans les tourbières on peut les y rencontrer s'il y arrive des ruisseaux charriant des coquilles. A cette écrevisse, il faut des eaux habitées par des mollusques dont la coquille morte sert à la confection de sa carapace, qu'elle a commencée et qu'elle achève avec les sels calcaires contenus dans ces eaux [1]. Celles-ci au surplus n'ont pas besoin d'être courantes, quoique ces conditions soient préférables.

---

1. Les Écrevisses à pieds blancs peuvent à la rigueur vivre dans des eaux siliceuses à peine chargées de carbonate de chaux en dissolution.

III. — Reproduction.

Il y a chez les écrevisses accouplement et cette rencontre des sexes a lieu du 15 octobre au 15 novembre. Un mâle peut féconder deux ou trois femelles.

La femelle se retire dans un trou qu'elle a creusé et où elle attend le moment de la ponte qui a lieu en décembre. Les œufs restent collés sous la queue, retenus par de petits filaments, et la femelle en surveille l'incubation [1] qui dure six mois. Au mois de mai, moment de l'éclosion, elle les éparpille vivement comme pour les semer et les jeunes sortent de la coque.

Les petites écrevisses naissent à l'état parfait, elles ont une teinte grisâtre et une longueur de 12 à 15 millimètres, elles saisissent des proies et peuvent vivre d'une vie indépendante, toutefois elles se réfugient pendant une huitaine sous le ventre de leur mère; passé ce temps, les jeunes crustacés abandonnent complètement leur mère et vivent isolés, et se livrent à des luttes acharnées entre eux [2].

L'enveloppe calcaire de l'écrevisse étant inflexible, et ne laissant aucun vide, elles sont obligées de quitter cette première carapace devenue trop étroite pour en revêtir une plus ample.

---

1. M. Zipcy a essayé l'incubation artificielle des œufs d'écrevisse, cette opération demande des manipulations très délicates sans être dans aucun cas très pratique.

2. Dans ces batailles plusieurs membres sont détruits, mais chez l'écrevisse, comme chez tous les crustacés, les membres perdus repoussent.

Les jeunes écrevisses subissent une première mue au bout de huit jours, les deuxième, troisième, quatrième et cinquième à intervalles de vingt à vingt-cinq jours; de septembre à la fin d'avril de l'année suivante il ne s'en produit pas; la sixième a lieu en mai de la seconde année, la septième en juin et la huitième en juillet. Pendant la troisième année cinq mues (août, septembre, mai, juin et juillet); durant la quatrième année deux mues (juin, septembre) : ensuite la femelle ne mue qu'une fois par an (août ou septembre) et le mâle deux fois (juin ou juillet, août ou septembre). M. Gobin, qui donne ces renseignements, ajoute que M. Carbonnier prétend que les écrevisses [1] ne muent que deux ou trois fois la première année, une fois seulement dans le milieu de l'été ensuite et une fois par an et pas toujours dans leur vieillesse.

Le moment de la mue est toujours un moment critique pour les écrevisses, plusieurs meurent de cette opération. La nouvelle carapace de l'écrevisse est extrêmement mince, elle ne peut la défendre d'aucune manière, aussi passe-t-elle le temps de la mue dans une profonde retraite.

L'accroissement des écrevisses est plutôt lent; voici la moyenne d'accroissement des deux espèces.

Age des écrevisses.	Pieds rouges Carbonnier.	Pieds blancs Koltz.
1 mois	0,15	6,09
1 an	1,50	1,10
2 ans	4	2,80
3 —	10	7

1. Il s'agit dans les deux cas d'écrevisses à pieds rouges.

Age des écrevisses.	Pieds rouges Carbonnier.	Pieds blancs Koltz.
4 ans.......................	16	11
5 —	22	13
6 —	25	17
7 —	30	22
8 —	36	25
9 —	43	29
10 —	50	29
A 15 ans les écrevisses pèsent environ	75	29
A 25 — —	100 ou 125 gr.	

Les ennemis de l'écrevisse sont : la loutre, le rat
d'eau, la musaraigne, le héron, le râle d'eau, tous les
oiseaux aquatiques, le brochet, la perche, les salmones et l'anguille, les tritons et les grenouilles qui
dévorent les jeunes, les dyptiques, les crevettes d'eau.

En 1879 est survenue une maladie qui a décimé
les écrevisses de France et d'Allemagne. On n'est pas
bien d'accord sur la cause de cette maladie. Les uns
l'attribuent à une *Distomatose*, parasite siégeant dans
les muscles, analogue à l'*Helminthe* du cochon, la
trichine, et donnant des résultats identiques [1].

D'autres l'attribuent à l'invasion d'un cryptogame
du genre *Saprolignea* que l'on a baptisé du nom de
Mycosis astacina; ce champignon parasite envahit
tout le corps et principalement les parties molles des
articulations et amène rapidement la mort [2].

1. Jundel, de Strasbourg.
2. Lucckart, de Leipzig.

IV. — Élevage.

La culture de l'écrevisse, qui peut se concilier avec celle du cresson de fontaine, peut donner de beaux bénéfices. La plante et le crustacé se plaisent dans les mêmes eaux et la récolte de la première augmente le produit du vivier donnant des recettes dès la première année, tandis qu'il faut attendre quatre ou cinq ans avant de pêcher les premières écrevisses.

Dans un vivier bien ensemencé, convenablement alimenté d'eau et de vivres, on pourra pêcher en moyenne de 15 à 20 écrevisses marchandes par mètre carré, soit 7 500 à 10 000 francs de valeur annuelle par hectare d'eau ; si l'on y joint la culture du cresson, le produit brut s'accroîtra encore de 8 à 10 000 francs et s'élèvera dès lors de 15 500 à 20 000 francs (Gobin).

La température, la qualité des eaux sont des conditions très importantes pour réussir dans cet élevage. Si les eaux ne leur plaisent pas, les écrevisses émigrent ou préfèrent venir mourir à terre plutôt que d'y rester.

L'abondance des mollusques est signe certain de la convenance des eaux, là où ils sont rares les écrevisses ne s'y plaisent point, la raison en est simple : de même que l'écrevisse, ces mollusques ont besoin de calcaire pour la formation de leur enveloppe.

Dans les eaux froides se maintenant au-dessous de 15 degrés où vivent les truites, les saumons, les ombres, les écrevisses à pieds blancs peuvent prospérer et se multiplier surtout si les fonds sont graveleux.

Dans les eaux s'élevant jusqu'à 20 degrés où vivent l'ablette, le barbillon, l'écrevisse à pieds rouges se plaît, mais il lui faut une plus grande profondeur que la précédente, 1ᵐ,50 à 2 mètres.

L'écrevisse affectionne particulièrement les cours d'eau coulant de l'est à l'ouest ou vice versa, car cette orientation lui offre toujours des talus que le soleil ne peut atteindre. L'écrevisse fuit tous les endroits susceptibles d'être frappés par les rayons solaires, elle recherche les lieux sombres.

Le terrain de la pièce d'eau que l'on désire *empoissonner* d'écrevisses et qui aura une profondeur de 1ᵐ,50 à 2 mètres, devra être suffisamment tendre pour que ces crustacés puissent y creuser leur trou.. Pour éviter les éboulements dans les terrains sablonneux, on revêtira les bords en pierres sèches, tout en ayant soin de ménager de nombreuses anfractuosités. Les berges remplies de racines d'arbres plaisent infiniment aux écrevisses.

Si le terrain était trop dense, ou si les berges étaient maçonnées il faudra leur créer des abris artificiels, installés autant que possible du côté sud.

Un moyen simple et économique pour élever ces constructions, c'est d'accumuler dans le même endroit deux ou trois mètres cubes de grosses pierres sans aucun mortier; on les superpose les unes au-dessus des autres afin de leur donner une forme accidentée ou régulière, puis quand on arrive au niveau supérieur, on établit à l'aide de plus petites pierres un plancher horizontal sur lequel on repique des carreaux de gazon. On a ainsi une série de galeries dans lesquelles des milliers d'habitants peuvent vivre , multiplier et acquérir tout leur développement.

Il serait utile de ménager dans ces constructions et au centre un trou vertical de 40 centimètres environ communiquant de la base au sommet. Par ce trou on introduirait des aliments et au besoin des filets servant à la pêche, et on serait toujours libre de visiter sa colonie et d'en suivre les progrès (Carbonnier).

La grosseur qui paraît la plus convenable pour peupler est l'écrevisse de cinq à sept ans, pesant 20 à 30 grammes. On met un mâle par deux femelles et dix reproducteurs par 30 mètres carrés d'étang.

La saison la plus favorable à l'empoissonnement est le printemps, du 15 mars à fin avril.

Si on immerge immédiatement dans une eau profonde les écrevisses venant d'une certaine distance et exposées depuis quelque temps à l'air, elles en périraient infailliblement un grand nombre asphyxiées. Il est prudent de les verser de suite après leur déballage sur des claies en osier maintenues flottantes à 1 ou 2 centimètres de la surface liquide.

Elles y séjournent quelque temps, se remettent et gagnent le large sans aucune mortalité ; il faut néanmoins éviter que les rayons du soleil ne viennent frapper les écrevisses tant qu'elles sont sur la claie.

Pour éviter les émigrations des écrevisses, on les place quelquefois dans un panier à claire-voie d'où elles ne peuvent sortir et que l'on immerge *graduellement*. Pour éviter le cas de mortalité que nous venons de signaler, on ne leur rend la liberté que six semaines ou deux mois après environ, lorsqu'elles sont acclimatées dans ce milieu nouveau pour elles.

On donnera aux écrevisses, comme nourriture, des larves d'insectes, du frai de grenouille, du sang de bœuf, des débris d'abattoirs, des tripailles de volailles, de la viande de cheval, des résidus de poissons salés, de maquereaux, de morues, etc., des betteraves et des déchets de légumes.

On ne donnera toutefois cette nourriture qu'en très petites quantités à la fois (le soir de préférence à cause des mœurs nocturnes de ce crustacé), afin d'éviter sur le fond une accumulation dangereuse de matières putrescibles.

La France est tributaire de l'Allemagne pour les écrevisses. Aux environs de Berlin, on pratique en grand l'élevage des écrevisses dans des étangs peu profonds où l'eau est courante. La nourriture servie aux bestioles consiste en débris d'abattoirs et en plantes potagères à demi cuites dont les résidus des marchés fournissent à bon compte une ample provision.

Pour diminuer la mortalité parmi les jeunes écrevisses, un Mecklembourgeois a imaginé un artifice très simple et très efficace à la fois. Dans une cuve où circule un courant très lent d'eau de source on dispose en piles des bouts de tuyaux de drainage carrés ayant la longueur d'une grosse écrevisse. On dépose dans cette cuve les femelles prêtes à pondre, chacune s'installe dans un tuyau. Quand les petits sont éclos, on retire les mères et la jeune population croît à l'abri de tous les dangers jusqu'au moment où, assez vigoureuse, on la met dans l'étang pour achever son développement. C'est une sorte d'étang à nourrain.

Les écrevisses sont marchandes, c'est-à-dire bonnes pour la vente à quatre ou cinq ans.

Les écrevisses peuvent vivre fort longtemps hors de l'eau, et leur transport est facile. Il faut toutefois éviter de les entourer, comme on serait tenté de le faire, de plantes ou d'herbes maintenues humides. Lorsque les écrevisses restent mouillées elles s'échauffent, une fermentation s'établit et elles meurent en grand nombre. Il faut au contraire les faire sécher au grand air et les expédier dans des paniers à claire-voie. Il faut éviter de faire des expéditions par les froids, car elles craignent énormément les gelées. Lorsqu'elles ont été bien séchées après la pêche, on peut les conserver une quinzaine de jours dans un plat ou un panier suspendu dans un endroit frais, le plafond d'une cave par exemple.

CHAPITRE XIV

LOIS SUR LA PÊCHE

En France, la pêche n'est réglémentée que dans les fleuves et ruisseaux et dans les lacs par eux traversés ; nous croyons donc être utile en ajoutant à la partie qui traite des cours d'eau les principales lois et ordonnances qui régissent la pêche.

TITRE Ier

DU DROIT DE PÊCHE

ARTICLE 1er. — Le droit de pêche sera exercé au profit de l'État :

1º Dans tous les fleuves, rivières, canaux et contre-fossés navigables ou flottables, avec bateaux, trains ou radeaux, et dont l'entretien est à la charge de l'État ou de ses ayants cause.

2º Dans les bras, noues, buires et fossés qui tirent leurs eaux des fleuves et rivières navigables et flottables, dans lesquelles on peut en tout temps passer ou pénétrer librement en bateau de pêcheur et dont l'entretien est également à la charge de l'État.

Sont toutefois exceptés les canaux et fossés existant ou qui seraient creusés dans des propriétés particulières et entretenus aux frais des propriétaires.

ART. 2. — Dans toutes les rivières et canaux autres que ceux qui sont désignés dans l'article précédent, les propriétaires riverains auront, chacun de son côté, le droit de pêche jusqu'au milieu du cours d'eau, sans préjudice des droits contraires établis par possessions ou titres.

ART. 5. — Tout individu qui se livrera à la pêche sur les fleuves et rivières navigables ou flottables, canaux, ruisseaux ou cours d'eau quelconques, sans la permission de celui à qui le droit de pêche appartient, sera condamné à une amende de vingt francs au moins et de cent francs au plus, indépendamment des dommages-intérêts.

Il y aura lieu, en outre, à la restitution du prix du poisson qui aura été pêché en délit, et la confiscation des filets et engins de pêche pourra être prononcée.

Néanmoins, il est permis à tout individu de pêcher à la ligne flottante tenue à la main, dans les fleuves, rivières et canaux désignés dans les deux paragraphes de l'art. 1er de la présente loi, le temps du frai excepté [1].

TITRE IV

CONSERVATION ET POLICE DE LA PÊCHE

ART. 23. — Nul ne pourra exercer le droit de pêche dans les fleuves et rivières navigables ou flottables, les canaux, ruisseaux ou cours d'eaux quelconques, qu'en se conformant aux dispositions suivantes :

ART. 24. — Il est interdit de placer dans les rivières navigables ou flottables, canaux et ruisseaux, aucun barrage, appareil ou établissement quelconque de pêcherie, ayant pour objet d'empêcher entièrement le passage du poisson.

Les délinquants seront condamnés à une amende de cinquante francs, et en outre aux dommages-intérêts ; et les appareils ou établissements de pêche seront saisis et détruits.

ART. 25. — Quiconque aura jeté dans les eaux des drogues ou appâts qui sont de nature à enivrer le poisson ou à le détruire, sera puni d'une amende de trente francs à trois cents francs, et d'un emprisonnement d'un mois à trois mois.

---

1. Le temps du frai est fixé du 15 avril au 15 juin pour le département de la Seine.

ART. 27. — Quiconque se livrera à la pêche pendant les temps, saisons et heures prohibés par les ordonnances, sera puni d'une amende de trente à deux cents francs.

ART. 28. — Une amende de trente à cent francs sera prononcée contre ceux qui feront usage, en quelque temps et en quelque fleuve, rivière, canal ou ruisseau que ce soit, de l'un des procédés ou modes de pêche ou de l'un des instruments ou engins de pêche prohibés par les ordonnances.

Si le délit a eu lieu pendant le temps du frai, l'amende sera de soixante à deux cents francs.

ART. 29. — Les mêmes peines sont prononcées contre ceux qui se serviront, pour une autre pêche, de filets permis seulement pour celle du poisson de petite espèce.

Ceux qui seront trouvés porteurs ou munis, hors de leur domicile, d'engins ou instruments de pêche prohibés, pourront être condamnés à une amende qui n'excédera pas vingt francs et à la confiscation des engins ou instruments de pêche, à moins que ces engins ou instruments ne soient destinés à la pêche dans des étangs ou réservoirs.

ART. 30. — Quiconque pêchera, colportera ou débitera des poissons qui n'auront point les dimensions déterminées par les ordonnances, sera puni d'une amende de vingt à cinquante francs, et à sa confiscation desdits poissons. Sont cependant exceptés de cette disposition les ventes de poissons provenant des étangs ou réservoirs. Sont considérés comme étangs ou réservoirs les fossés et canaux appartenant à des particuliers, dès que leurs eaux cessent naturellement de communiquer avec les rivières.

ART. 31. — La même peine sera prononcée contre les pêcheurs qui appâteront leurs hameçons, nasses, filets ou autres engins, avec des poissons des espèces prohibées qui seront désignées par l'ordonnance.

ART. 32. — Les fermiers de la pêche et porteurs de licences, leurs associés, compagnons et gens à gage, ne pourront faire usage d'aucun filet ou engin quelconque, qu'après qu'il aura été plombé ou marqué par les agents de l'administration de la police de la pêche.

La même obligation s'étendra à tous les autres pêcheurs compris dans les limites de l'inscription maritime, pour les engins et filets dont ils feront usage dans les cours d'eau désignés par les paragraphes 1er et 2º de l'art. 1er de la présente loi.

Les délinquants seront punis d'une amende de vingt francs pour chaque filet ou engin non plombé ou marqué.

Le titre V traite des poursuites exercées au nom de l'administration et enjoint aux agents spéciaux de même qu'aux gardes champêtres, éclusiers et autres officiers de police judiciaire de constater par procès-verbaux les délits de pêche, et les autorise à saisir les filets et autres instruments de pêche prohibés, mais leur interdit de s'introduire dans les maisons et enclos y attenant pour la recherche de ces filets.

L'ART. 41 prononce une amende de cinquante francs contre le délinquant qui refusera de remettre immédiatement le filet prohibé.

L'ART. 42 prononce que le poisson saisi pour cause de délit sera vendu au profit du domaine.

ART. 62. — Les actions en réparation de délits en matière de pêche se prescrivent par un mois, à compter du jour où les délits ont été constatés, lorsque les prévenus sont désignés dans les procès-verbaux. Dans le cas contraire, le délai de prescription est de trois mois, à compter du même jour.

ART. 65. — Les délits qui portent préjudice aux fermiers de la pêche, aux porteurs de licences et aux propriétaires riverains, seront constatés par leurs gardes, lesquels seront assimilés aux gardes-bois des particuliers.

ART. 66. — Les procès-verbaux dressés par ces gardes feront foi jusqu'à preuve contraire.

TITRE VI

DES PEINES ET CONDAMNATIONS

ART. 69. — Dans le cas de récidive, la peine sera toujours doublée.

Il y a récidive lorsque, dans les douze mois précédents, il

a été rendu contre le délinquant un premier jugement pour délit en matière de pêche.

ART. 70. — Les peines seront également doublées, lorsque les délits auront été commis la nuit.

ART. 71. — Dans tous les cas où il y aura lieu à adjuger des dommages-intérêts, ils ne pourront être inférieurs à l'amende simple prononcée par le jugement.

ART. 72. — Dans tous les cas prévus par la présente loi, si le préjudice causé n'excède pas vingt-cinq francs et si les circonstances paraissent atténuantes, les tribunaux sont autorisés à réduire l'emprisonnement même au-dessous de six jours et l'amende même au-dessous de seize francs.

Ils pourront aussi prononcer séparément l'une ou l'autre de ces peines, sans qu'en aucun cas elle puisse être au-dessous des peines de simple police.

ART. 74. — Les maris, pères, mères, tuteurs, fermiers et porteurs de licence, ainsi que tous propriétaires, maitres et commettants, seront civilement responsables des délits en matière de pêche commis par leurs femmes, enfants, mineurs, pupilles, bateliers et compagnons et tous autres subordonnés, sauf tout recours de droit.

Cette responsabilité sera réglée conformément à l'art. 1384 du code Napoléon.

ART. 77. — Les jugements portant condamnation à des amendes, restitutions, dommages-intérêts de frais, sont exécutoires par la voie de contrainte par corps, et l'exécution pourra en être poursuivie cinq jours après un simple commandement fait aux condamnés.

ART. 80. — Dans tous les cas, la détention employée comme moyen de contrainte est indépendante de la loi d'emprisonnement prononcée contre les condamnés pour tous les cas où la loi l'inflige.

ORDONNANCE DU 15 SEPTEMBRE 1830.

ART. 1er. — Sont prohibés, sous les peines portées par l'art. 28 de la loi du 15 avril 1829 :

1° Les filets trainants ;

2° Les filets dont les mailles carrées sont accrues, et non

tendues ni tirées en losange, auraient moins de 30 millimètres (14 lignes) de chaque côté, après que le filet aura séjourné dans l'eau.

3° Les bires, nasses ou autres engins dont les verges en osier seraient écartées entre elles de moins de 30 millimètres.

ART. 2. — Sont néanmoins autorisés pour la pêche des goujons, ablettes, loches, vairons, vandoises et autres poissons de petite espèce, les filets dont les mailles auront 15 millimètres. Les pêcheurs auront aussi la faculté de se servir de toute espèce de nasses en jonc à jour, quel que soit l'écartement de leurs verges.

ART. 3. — Quiconque se servira, pour une autre pêche que celle qui est indiquée dans l'article précédent, des filets spécialement affectés à cet usage, sera puni des peines portées par l'article 28 de la loi du 15 avril 1829.

ART. 5. — Dans chaque département, le préfet déterminera, sur l'avis du conseil général, et après avoir consulté les agents forestiers, les temps, les saisons et heures pendant lesquels la pêche sera interdite dans les rivières et cours d'eau.

ART. 6. — Il fera également un règlement dans lequel il déterminera et divisera les filets et engins qui, d'après les règles ci-dessus, devront être interdits.

ART. 7. — Sur l'avis du conseil général, et après avoir consulté les agents forestiers, il pourra prohiber les procédés et modes de pêche qui lui sembleront de nature à nuire au repeuplement des rivières.

Voici l'article III du règlement du préfet de la Seine.

Ne pourront être pêchés et seront rejetés en rivières : 1° les truites, carpes, barbeaux, ombres, brèmes, brochets, meuniers, ayant moins de cent soixante millimètres (cinq pouces neuf lignes) entre l'œil et la naissance de la nageoire de la queue.

2° Les tanches, perches, gardons, lottes et autres ayant

moins de cent trente-cinq millimètres (cinq pouces) également de l'œil à la naissance de la queue.

3° Et les anguilles ayant moins de soixante-quinze millimètres (deux pouces huit lignes) de tour au milieu du corps.

Dans l'intérieur de la ville de Paris, la pêche est interdite avant l'ouverture et après la fermeture des ports. Cette défense ne concerne pas les bords de la Seine hors barrière.

RÉPUBLIQUE FRANÇAISE

DÉCRET

portant règlement sur la pêche fluviale

Du 10 août 1875.

LE PRÉSIDENT DE LA RÉPUBLIQUE FRANÇAISE,

Sur le rapport du ministre des travaux publics;
Vu la loi du 14 avril 1829;
Vu la loi du 31 mai 1865;
Vu le décret du 31 janvier 1868;
Le Conseil d'État entendu,

DÉCRÈTE :

ART. 1er. — Les époques pendant lesquelles la pêche est interdite en vue de protéger la reproduction du poisson sont fixées comme il suit :

1° Du 20 octobre au 31 janvier, est interdite la pêche du saumon, de la truite, de l'ombre chevalier et du lavaret;

2° Du 15 avril au 15 juin, est interdite la pêche de tous les autres poissons et de l'écrevisse.

Les interdictions prononcées dans les paragraphes précédents s'appliquent à tous les procédés de pêche, même à la ligne flottante tenue à la main.

ART. 2. — Les préfets peuvent, par des arrêtés rendus après avoir pris l'avis des conseils généraux, soit pour tout le département, soit pour certaines parties du département, soit pour certains cours d'eau déterminés :

1° Interdire exceptionnellement la pêche de toutes les espèces de poissons pendant l'une ou l'autre période, lorsque cette interdiction est nécessaire pour protéger les espèces prédominantes.

2° Augmenter, pour certains poissons désignés, la durée desdites périodes, sous la condition que les périodes ainsi modifiées comprennent la totalité de l'intervalle de temps fixé par l'art. 1er.

3° Excepter de la seconde période la pêche de l'alose, de l'anguille, de la lamproie, ainsi que des autres poissons vivant alternativement dans les eaux douces et les eaux salées.

4° Fixer une époque d'interdiction pour la pêche de la grenouille.

ART. 3. — Des publications sont faites dans les communes, six jours au moins avant le début de chaque période d'interdiction de la pêche, pour rappeler les dates du commencement et de la fin de ces périodes.

ART. 4. — Quiconque, pendant la période d'interdiction, transporte ou débite des poissons dont la pêche est prohibée, mais qui proviennent des étangs et réservoirs, est tenu de justifier de l'origine de ces poissons.

ART. 5. — Les poissons saisis et vendus aux enchères, conformément à l'article 42 de la loi du 15 avril 1829, ne peuvent pas être exposés de nouveau en vente.

ART. 6. — La pêche n'est permise que depuis le lever jusqu'au coucher du soleil. Toutefois, la pêche de l'anguille, de la lamproie et de l'écrevisse peut être autorisée après le coucher et avant le lever du soleil, dans des cours d'eau désignés et aux heures fixées par des arrêtés préfectoraux rendus après avis des conseils généraux. Ces arrêtés déterminent, pour l'anguille, la lamproie et l'écrevisse, la nature et les dimensions des engins dont l'emploi est autorisé.

ART. 7. — Le séjour dans l'eau des filets et engins ayant les dimensions réglementaires et destinés à la pêche de tous les poissons non désignés à l'article précédent est permis à toute heure, sous la condition qu'ils ne peuvent être placés et relevés que depuis le lever jusqu'au coucher du soleil.

Art. 8. — Les dimensions au-dessous desquelles les poissons et écrevisses ne peuvent pas être pêchés même à la ligne flottante et doivent être immédiatement rejetés à l'eau sont déterminées comme il suit pour les diverses espèces :

1° Les saumons et anguilles, 25 centimètres de longueur.

2° Les truites, ombres chevaliers, ombres communs, carpes, brochets, barbeaux, brèmes, meuniers, muges, aloses, perches, gardons, tanches, lottes, lamproies et lavarets, 14 centimètres de longueur ;

3° Les soles, plies et flets, 10 centimètres de longueur ;

Les écrevisses à pattes rouges, 8 centimètres de longueur, celles à pattes blanches, 6 centimètres de longueur.

La longueur des poissons ci-dessus mentionnés est mesurée de l'œil à la naissance de la queue, celle de l'écrevisse, de l'œil à l'extrémité de la queue déployée.

Art. 9. — Les mailles des filets, mesurées de chaque côté après leur séjour dans l'eau, et l'espacement des verges des bires, nasses et autres engins employés à la pêche des poissons doivent avoir les dimensions suivantes :

1° Pour les saumons, quarante millimètres au moins ;

2° Pour les grandes espèces autres que le saumon et pour l'écrevisse, vingt-sept millimètres au moins ;

3° Pour les petites espèces, telles que les goujons, loches, vairons, ablettes et autres, dix millimètres.

La mesure des mailles et de l'espacement des verges est prise avec une tolérance d'un dixième.

Il est interdit d'employer simultanément, à la pêche, des filets ou engins de catégorie différente.

Art. 10. — Les préfets peuvent, sur l'avis des conseils généraux, prendre des arrêtés pour réduire les dimensions des mailles des filets et l'espacement des verges des engins employés uniquement à la pêche de l'anguille, de la lamproie et de l'écrevisse. Les filets et engins à mailles ainsi réduites ne peuvent être employés que dans les emplacements déterminés par ces arrêtés.

Les préfets peuvent aussi, sur l'avis des conseils généraux, déterminer les emplacements limités en dehors desquels l'usage des filets à mailles de dix millimètres est permis.

Art. 11. — Les filets fixes ou mobiles et les engins de toute nature ne peuvent excéder en longueur ni en largeur les deux tiers de la largeur mouillée des cours d'eau, dans les emplacements où on les emploie.

Plusieurs filets ou engins ne peuvent être employés simultanément sur la même rive ou sur deux rives opposées qu'à une distance au moins triple de leur développement.

Lorsqu'un ou plusieurs des engins employés sont en partie fixes ou en partie mobiles, les distances entre les parties fixées à-demeure sur la même rive ou sur les rives opposées doivent être au moins triples du développement total des parties fixes et mobiles mesurées bout à bout.

ART. 12. — Les filets fixes employés à la pêche doivent être soulevés par le milieu pendant trente-six heures de chaque semaine, du samedi, à six heures du soir, au lundi, à six heures du matin, sur une longueur équivalente au dixième de leur développement, et de manière à laisser entre le fond et la ralingue inférieure un espace libre de cinquante centimètres au moins de hauteur.

ART. 13. — Sont prohibés tous les filets trainants, à l'exception du petit épervier jeté à la main et manœuvré par un seul homme.

Sont réputés trainants tous filets coulés à fond au moyen de poids et promenés sous l'action d'une force quelconque.

Est pareillement prohibé l'emploi des lacets ou collets.

ART. 14. — Il est interdit d'établir dans les cours d'eau des appareils ayant pour objet de rassembler le poisson dans des noues, buires, fossés ou mares dont il ne pourrait plus sortir, ou de le contraindre à passer par une issue garnie de pièges.

ART. 15. — Il est également interdit :

1° D'accorder aux écluses, barrages, chutes naturelles, pertuis, vannages, coursiers d'usines et échelles à poissons, des nasses, paniers et filets à demeure;

2° De pêcher avec d'autre engin que la ligne flottante tenue à la main, dans l'intérieur des écluses, barrages, pertuis, vannages, coursiers d'usine et passages ou échelles à poissons, ainsi qu'à une distance moindre de trente mètres en amont et en aval de ces ouvrages;

3° De pêcher à la main, de troubler l'eau et de fouiller au

moyen de perches sous les racines ou autres retraites fréquentées par le poisson;

4° De se servir d'armes à feu, de poudre de mine, de dynamite ou de toute autre substance explosive.

ART. 16. — Les préfets peuvent, après avoir pris l'avis des conseils généraux, interdire en outre, par des arrêtés spéciaux, d'autres engins, procédés ou modes de pêche de nature à nuire au repeuplement des cours d'eau.

Ils déterminent, conformément au paragraphe 6 de l'article 26 de la loi du 15 avril 1829, les espèces de poissons avec lesquelles il est interdit d'appâter les hameçons, nasses, filets ou autres engins.

ART. 17. — Il est interdit de pêcher dans les parties des rivières, canaux ou cours d'eau dont le niveau serait accidentellement abaissé, soit pour y opérer des curages ou travaux quelconques, soit par suite de chômage des usines ou de la navigation.

ART. 18. — Sur la demande des adjudicataires de la pêche des cours d'eau et canaux navigables et flottables, et sur la demande des propriétaires de la pêche des autres cours d'eau et canaux, les préfets peuvent autoriser, dans des emplacements déterminés et à des époques qui ne coïncideront pas avec les périodes d'interdiction, des manœuvres d'eau et des pêches extraordinaires pour détruire certaines espèces dans le but d'en propager d'autres plus précieuses.

ART. 19. — Des arrêtés préfectoraux, rendus sur les avis des conseils de salubrité et des ingénieurs, déterminent :

1° La durée du rouissage du lin et du chanvre dans les cours d'eau et les emplacements où cette opération peut être pratiquée avec le moins d'inconvénient pour le poisson;

2° Les mesures à observer pour l'évacuation dans les cours d'eau des matières et résidus susceptibles de nuire au poisson et provenant des fabriques et établissements industriels quelconques.

ART. 20. — Les arrêtés pris par les préfets en vertu des articles 2, 6, 10, 16 et 19 du présent décret ne seront exécutoires qu'après l'approbation du ministre des travaux publics.

A la fin de chaque année, les préfets adressent au même

ministre un relevé des autorisations accordées en vertu de l'article 18.

ART. 21. — Les dispositions du présent décret ne sont applicables, ni au lac Léman, ni à la Bidassoa, lesquels restent soumis aux lois et règlements qui les régissent spécialement.

ART. 22. — Sont abrogés le décret du 25 janvier 1868 et toutes dispositions contraires au présent décret.

ART. 24. — Le ministre des travaux publics est chargé de l'exécution du présent décret.

Fait à Versailles, le 18 août 1875.

Signé : MARÉCHAL DE MAC-MAHON.

Le ministre des travaux publics,
Signé : E. CAILLAUX.

———

DÉCRET

Du 18 mai 1878.

LE PRÉSIDENT DE LA RÉPUBLIQUE FRANÇAISE,

Sur le rapport du ministre des travaux publics ;
Vu la loi du 15 avril 1829 ;
Vu la loi du 31 mai 1865 ;
Vu le décret du 10 août 1875 ;
Le Conseil d'État entendu,

DÉCRÈTE :

ART. 1.

Les articles 1er, 6, 7, 9, 13 et 20 du décret du 10 août 1875 sont modifiés de la manière suivante :

ART. 1er. — Les époques pendant lesquelles la pêche est interdite, en vue de protéger la reproduction du poisson, sont fixés comme il suit :

1º Du 20 octobre au 31 janvier est interdite la pêche du saumon, de la truite et de l'ombre chevalier ;

2° Du 15 novembre au 31 décembre est interdite la pêche du lavaret;

3° Du 15 avril au 15 juin est interdite la pêche de tous les autres poissons et de l'écrevisse.

Les interdictions prononcées dans les paragraphes précédents s'appliquent à tous les procédés de pêche, même à la ligne flottante tenue à la main.

ART. 6. — La pêche n'est permise que depuis le lever jusqu'au coucher du soleil.

Toutefois, la pêche de l'anguille, de la lamproie et de l'écrevisse peut être autorisée après le coucher et avant le lever du soleil, dans les cours d'eau désignés et aux heures fixées par des arrêtés préfectoraux rendus après avis des conseils généraux. Ces arrêtés déterminent, pour l'anguille, la lamproie et l'écrevisse, la nature et les dimensions des engins dont l'emploi est autorisé.

La pêche du saumon et de l'alose peut être autorisée par des arrêtés préfectoraux rendus après avis des conseils généraux, pendant deux heures au plus après le coucher du soleil et deux heures au plus avant son lever, dans certains emplacements des fleuves et rivières navigables spécialement désignés.

ART. 7. — Le séjour dans l'eau des filets et engins ayant les dimensions réglementaires est permis à toute heure, sous la condition qu'ils ne peuvent être placés et relevés que depuis le lever jusqu'au coucher du soleil.

ART. 9. — Les mailles des filets, mesurées de chaque côté après leur séjour dans l'eau, et l'espacement des verges des bires, nasses et autres engins employés à la pêche des poissons, doivent avoir les dimensions suivantes :

1° Pour les saumons, quarante millimètres au moins;

2° Pour les grandes espèces autres que le saumon et pour l'écrevisse, vingt-sept millimètres au moins ;

3° Pour les petites espèces telles que goujons, loches, vairons, ablettes et autres, dix millimètres.

La mesure des mailles et de l'espacement des verges est prise avec une tolérance d'un dixième.

Il est interdit d'employer simultanément à la pêche des filets ou engins de catégorie différente.

ART. 13. — Sont prohibés tous les filets trainants, à l'exception du petit épervier jeté à la main et manœuvré par un seul homme.

Sont réputés trainants tous les filets coulés à fond au moyen de poids et promenés sous l'action d'une force quelconque.

Est pareillement prohibé l'emploi de lacets ou collets.

Toutefois, des arrêts préfectoraux rendus après avis des conseils généraux peuvent autoriser, à titre exceptionnel, l'emploi de certains filets trainants à mailles de quarante millimètres au moins, pour la pêche d'espèces spécifiées, dans les parties profondes des lacs, des réservoirs de canaux, et des fleuves et rivières navigables. Ces arrêtés désignent spécialement les parties considérées comme profondes dans les lacs, réservoirs de canaux, fleuves et rivières navigables. Ils indiquent aussi les noms locaux des filets autorisés et les heures auxquelles leur manœuvre est permise.

ART. 20. — Les arrêtés pris par les préfets en vertu des articles 2, 6, 10, 13, 16 et 19 du présent décret ne sont exécutoires qu'après approbation donnée par le ministre des travaux publics, le conseil général des ponts et chaussées entendu.

Ces arrêtés ne sont valables que pour une année ; ils peuvent être renouvelés.

A la fin de chaque année, les préfets adressent au même ministre un relevé des autorisations accordées en vertu de l'article 18.

ART. 2.

Le ministre des travaux publics est chargé de l'exécution du présent décret.

Fait à Versailles, le 18 mai 1878.

MARÉCHAL DE MAC-MAHON.

Par le Président de la République :
Le ministre des travaux publics,
C. DE FREYCINET.

FIN

TABLE DES MATIÈRES

CHAPITRE IV

Exploitation des étangs à Carpes.

CHAPITRE V

Exploitation des étangs à Tanches, Brochets, Perches, Anguilles, Truites; Bassins divers.

DEUXIÈME PARTIE

LACS

CHAPITRE VI

Espèces à introduire dans les lacs.

CHAPITRE VII

Multiplication artificielle des Truites et autres Salmonides non migrateurs.

CHAPITRE VIII

Multiplication artificielle des Truites et autres Salmonides non migrateurs (*suite*).

CHAPITRE IX

Exploitation des lacs.

TROISIÈME PARTIE

COURS D'EAU

CHAPITRE X

Espèces à introduire dans les cours d'eau.

CHAPITRE XI

Multiplication artificielle des poissons migrateurs.

CHAPITRE XII

Exploitation des cours d'eau.

CULTURE DE L'ÉCREVISSE

CHAPITRE XIII

CHAPITRE XIV

Coulommiers. — Imp. Paul BRODARD. — 833-97.